GD&T

幾何公差設計法

活用術

折川 浩 [著]

設計意図を正しく伝えて
製品品質を向上させる
テクニック

日刊工業新聞社

はじめに

3次元CADによる設計が主流となった昨今、CADデータに形状データだけでなく設計付帯情報も盛り込んで、図面レスのデータ一元化を目指す動きもある。

図面化作業は設計者にとってはかなり負担のかかるものであり、図面レスというキーワードに対する期待は大きいが、図面レスといっても従来2次元図面に書き込まれていた情報（寸法、公差、仕上げ、材料など）が3次元注記（3DA）の形でCADデータに移るだけで、設計における重要な作業である公差情報の付与がなくなるわけではない。

公差情報はいわば設計上のノウハウの塊であり、この設計意図をいかに正しく後工程となる加工、検査、組立ての現場に伝えるかが重要である。

近年、機械部品や製品の設計の現場では、幾何公差を用いた図面表記法が浸透しつつある。

幾何公差は、製品形状の幾何学的特性（GPS：Geometrical Product Specifications）を表現する公差で、形体の定義からあいまいさを排除する図面記法の1つであり、これを用いた設計手法を幾何公差設計法（GD&T：Geometric Dimensioning and Tolerancing）と呼ぶ。

また幾何公差は、部品仕様の確定に際しての設計者の考えを、CADデータの付帯情報として正しく盛り込む手段ともなる。

幾何公差に関する基本的な作法や適用事例は、既存の参考書籍で数多く紹介されているため、基礎や入門部分に関してはそれら書籍に委ね、本書では、幾何公差設計法の考え方と、機能とコストひいては品質の適正化までを視野に入れた実践的な活用法を解説する。

そのため、対象とする読者は幾何公差記号の意味や基本的な用法に関する最低限の知識を有することを前提としているが、可能な限り、初学者にとってもわかりやすい説明を心がけた。また、規格書などではあまり詳しく解説されていない、幾何公差の実用的かつ効率的な活用の事例やキーポイントなどについても紹介していく。

本書で説明するJIS用語には、普段見慣れない専門的用語が多いため、ISOの原文表記もできるだけ併記してある。

また巻末には、本書で解説している各種幾何公差記号の意味や用法について、実設計での活用の意義が高いと思われるものを抜粋し一覧にした表と、サイズ関連用語をまとめた図表を添付したので、参考にしていただきたい。

　ところで、よく見聞することであるが、幾何公差の定義や使い方を規格書や書籍で学んだあとに、いざ実際に図面を描く段階でどこから手を付ければいいのか悩むことがある。

　どのような製品の設計をするかで、対象とする部品の材質や大きさ、形状、成形・加工方法などが異なるため、規格書にあるような長方形や円形の形状を使った図示例だけの知識では応用が利かないのも無理もない。

　また、JISやISOの幾何公差関連規格は、ほとんどが基本的なルールを規定しているだけであるため、実設計で幾何公差を適用する際に直面する課題に対しては、規格の骨子を逸脱しない範囲で柔軟に解釈することも求められる。

　最初から幾何公差を完璧に使いこなすのは難しいが、そもそもこの部品に対して設計的に求めたいもの（機能要件）は何なのかを考え、それを実現するために必要な幾何公差指示として何を選択するべきか、という順番で徐々に取り組んでいけばよいと考える。

　その際に、本書で解説する内容が少しでも手助けになれることを期待する。

　なお本書は、日刊工業新聞社の雑誌「機械設計」に連載した記事に加筆・修正を行い、再構成したものである。

2024年9月
折川技術士事務所　折川　浩

目　　次

第 1 章
導入編「設計意図を正しく伝える」

第 2 章
形体定義編「JIS製図には基本原則あり」

第 **3** 章

データム編「基準を明確にする」

第 **4** 章

TED編「誤差のない寸法とはなにか」

第 5 章

付加記号編（その1）「共通公差域で組立意図を伝える」

第 6 章

付加記号編（その2）「実際の使用状態を反映する」

第 **7** 章

付加記号編（その3）「はめあい成立の条件を与える」

第 **8** 章

最大実体公差編「組み立てばよしとする合理性」

第9章

幾何公差指示の定石編「頻出の指示方法は定型化する」

第10章

幾何公差の間違い事例編「幾何公差を正しく使う」

第1章

導入編
「設計意図を正しく伝える」

　本章では、設計時に想定していたような形に実際の部品ができあがらないというトラブル事例を挙げて、その原因を考えてみることから始め、次にこのような問題を解決しつつコストを適正化する手法としての、幾何公差設計法（GD＆T）の意義や必要性およびその活用指針について、VE（Value Engineering）手法との比較も交えて解説する。

　なお、従来「寸法」と呼んでいた用語の一部について、本書ではJIS規定に合わせ「サイズ」という表現に変えてあるが、まだこの言葉になじみがない読者は、従来通り「寸法」と読み替えていただいてかまわない。

1.1 図面と現物の相違

● 1.1.1 製品開発でのトラブル

皆さんは製品開発において、次のようなトラブルを経験したことはないだろうか。

　・試作では問題なかったのに、量産に入ると組立て不良が出た
　・部品検査では合格した部品だが、モノによって組み付かないケースがある
　・同じ図面で違う加工メーカーに出したら、組み付かないものが出た

これらは部品の寸法のばらつきが原因と考えられる部分で共通点があるが、そもそも同じ図面から作られ、しかもその寸法ばらつきについては設計者が公差を用いて許容値を定めているはずである。

それにもかかわらず、ばらつきに起因した品質トラブルの発生が少なくないのはなぜか。

それは、

『部品は図面通りにできているが、設計意図通りではなかった』

からである。

ではなぜ、このようなことが起きてしまうのかを考えてみよう。

● 1.1.2 従来の寸法表記における問題点

図1.1 の左はブロック形状の寸法公差付きの図面である。

この図面を描いた時、設計者が想定（期待）しているサイズの変化、すなわち許容できる寸法ばらつきの状態は、多くの場合、同図中央に示すような公差域内での平行移動であろう。

設計者の多くは、部品形状が四角形なら四角形という幾何形状（これをトポロジーとも言う）を保った状態で、指示した公差域内で大きさが変化することを認めている。

しかし、実際の加工品は、同図右のように公差域内で多様な形状を取り得る。というのも、完全な平面や直線は現実的には加工が不可能なためである。

そのため、平面であってほしい面にたとえ公差域内とは言え、凹凸が生じる状況が避けられず、その理想的な形状からのずれは必ずしも設計が期待したようなものとは限らない。

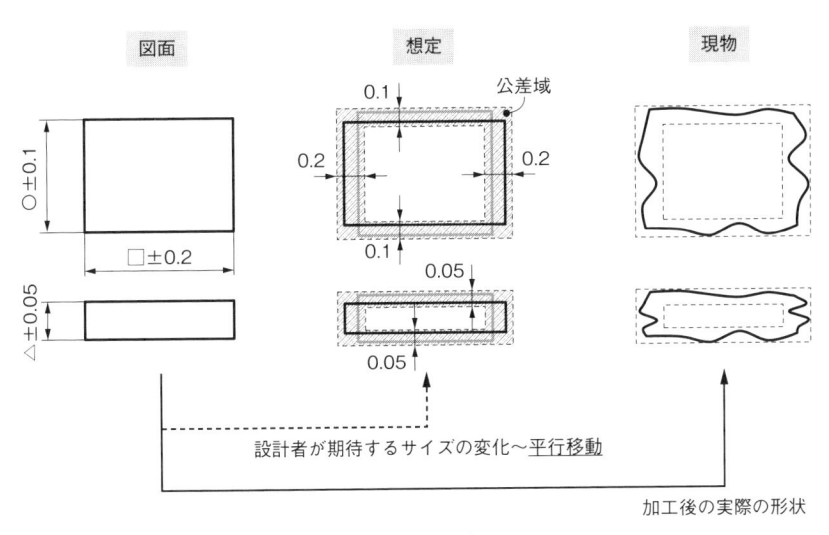

図1.1 図面と加工

　次節で、このような設計者が意図しない形体ができあがる理由について説明する。

1.2　意図しない形になる原因とその対策

● 1.2.1　サイズと2点間測定

　図1.2(a)はブロック形状の部品図で、幅方向に寸法と公差が記入されている。

　ここでは公差が±0.2であるため、図示サイズ（基準寸法）10に対してばらつきを許容できる寸法、すなわち許容限界サイズは9.8〜10.2の範囲内となる。

　この図面を基に作製された加工品の測定には、通常同図(b)のようにノギスなどが用いられる（ノギス以外に例えば3次元測定機での測定でも同様である）。

　この測定は2点間の距離を測っており（2点間測定）、何か所か測定してその数値が許容限界サイズ内に入っているかどうかが検査される。

　実際、JIS（B0420-1）には形体の直径や距離の測定は、特に指定のない限り2点間の距離、すなわち2点間サイズとする旨の記述がある。

　なお、この2点間サイズは、図面上の該当する部位に指示された寸法線の方向に沿って測った値であり、必ずしも最短距離ではないことに注意する。

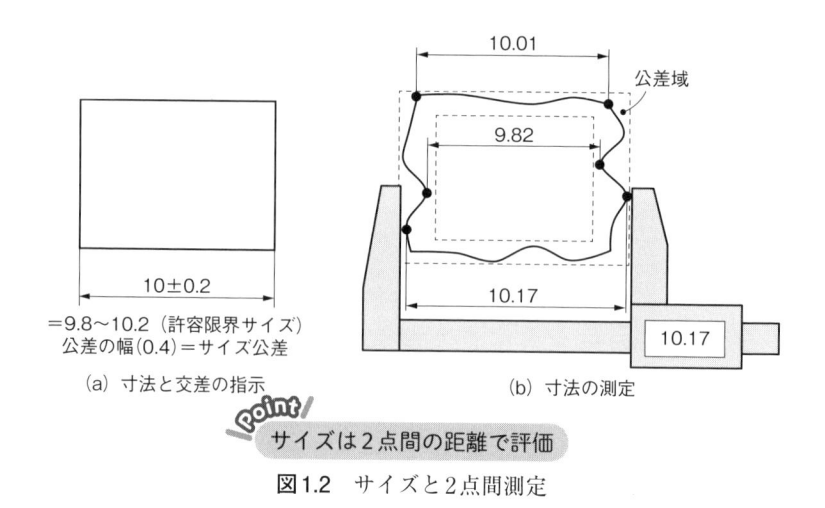

（a）寸法と交差の指示　　　　　　　　（b）寸法の測定

サイズは2点間の距離で評価

図1.2　サイズと2点間測定

　さて、この例の場合、どの箇所を測定してもノギスによる2点間サイズの測定結果が許容限界サイズ内に収まっているため、たとえ表面に設計が意図しない凹凸や傾斜があっても、その部品の寸法測定結果はOKと判定されることになる。

　すなわち、このようなゆがんだ形状であっても測定上は図面指定通りにできており、いくら設計側が否定しようと検査結果は合格品である。

　つまり、

　「従来のサイズ公差のみによる製図記法では、部品形体の形状の『あばれ』を厳密に抑えるすべがなく、形状定義方法としては非常にあいまいである」

と言え、このことが冒頭で紹介した製品開発でのトラブルの一因ともなっている。

　次項では、このあいまいさをなくすための方法について説明する。

●1.2.2　あいまいさを残さない表記法

　図1.3（a）はブロック形状の図面で、幅と高さのサイズ公差以外に上面に対して平行度、右側面に対して直角度の幾何公差指示も入れられている。

　例えば上面の平行度（// 記号）が指示された面については、同図（b）に示すように、データム（基準面）に対して幅0.2の平行な公差域の中にその面が凹凸、傾斜を含めて収まっていれば、設計としては「平行とみなす」という意思表示がなされているわけである。

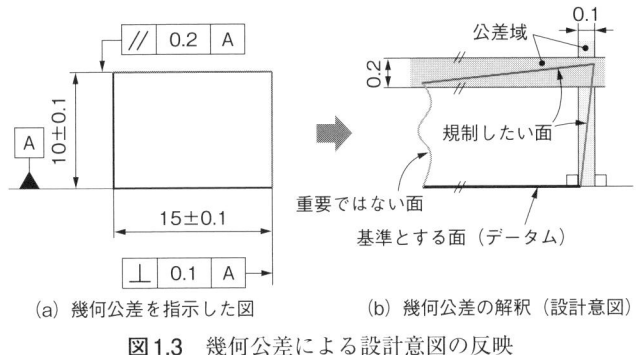

（a）幾何公差を指示した図　　　（b）幾何公差の解釈（設計意図）

図1.3　幾何公差による設計意図の反映

　これは右側面の直角度（⊥記号）についても同様であり、幅0.1の平行な公差域の中にその面が収まっていれば、設計的には「直角とみなす」ことになる。

　これらは、完全に平行や直角な面の加工はできないことを認めた上で、幾何公差を用いて設計的に許容できる面のゆがみ範囲を指定した方法である。

　つまり、

　「幾何公差を導入することで、設計者が想定している平行や直角といった形体の姿勢の程度を、あいまいさを残さず明確に指示した」

ことになる。

　なお、同図(a)の左側面には幾何公差指示がされていないが、これはその面が設計的にさほど重要ではなく、あいまいさを残しても構わないということを示している。

　このような箇所を適切に残しておくことで、加工や測定に過度な精度を要求せず、部品コストを適正化できることも念頭に置いていただきたい。

1.3　あいまいさのない形体定義

● 1.3.1　従来の図面

　では、**図1.4**(a)に示すような2つの丸穴の空いたブロック形状の部品について、あいまいさを排除した図示例を考えてみよう。

　同図(b)に従来のサイズ公差指示による図例を示したが、この描き方であっても図面としては抜けや漏れはなく、あいまいではないと考えられる。

　しかし、前節で述べたように、図面指示において厳密な意味であいまいさを

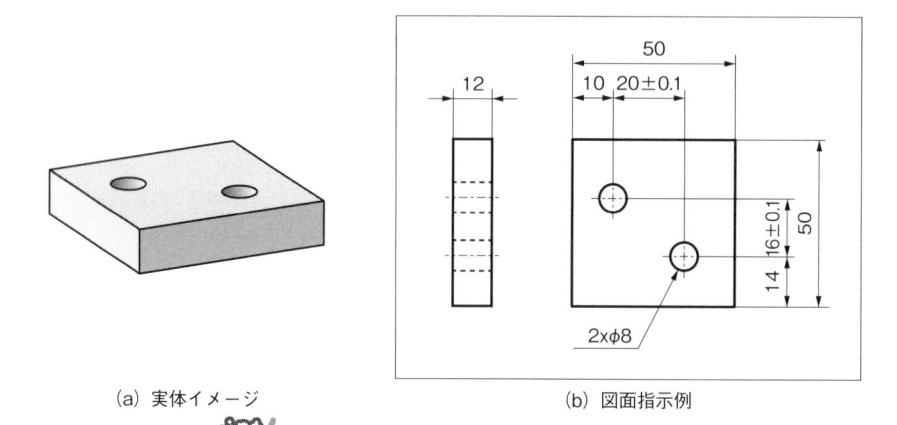

(a) 実体イメージ　　　　　　　　(b) 図面指示例

図1.4　従来の図面

なくすためには、サイズ公差指示ではなく幾何公差指示により、完全な形体定義を行うことが必要となる。

● 1.3.2　幾何公差を適用した図面

　図1.4の図面を、幾何公差を用いて描き直した図例を**図1.5**に示す（図例では寸法値や公差値は省略してある）。

　同図中の幾何公差記号の意味や用法の詳細については他書に譲るとして、幾何公差の初学者の方は、ここでは雰囲気だけでもつかんでおいていただければよい。

　幾何公差を用いた図面表記には、設計意図によって多くのパターンがあり、本図はあくまでもその一例ではあるが、形体定義としてはおおむね完全なものとしてある。

　この幾何公差指示図面を作成する概略手順は次のようなものとなる。

　最初に、基準を明確にするため3つのデータム A、B、C を定義する。その際データムとして設定した面に対しては、その面の形状や姿勢に関する幾何偏差も規制するため、平面度や直角度の指示も入れてある。

　次に、それらのデータムを参照して位置を「完全に」規制する面や穴に対して、TED（Theoretically Exact Dimension：理論的に正確な寸法）を伴った位置度による指示を行う（同図の四角枠で囲まれた寸法がTED）。

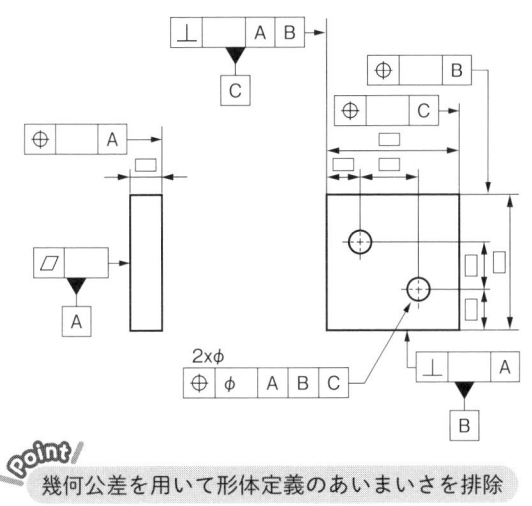

図1.5　幾何公差を適用した図面

この幾何公差を使った図面では、いわゆる「あいまいさ」が入る余地はなくなり、完全な形体定義という観点からは、これが必要かつ十分な図面表記となっていると言える。

1.4　設計意図を正しく伝える方法

● 1.4.1　幾何公差指示がもたらすもの

海外の図面では幾何公差を使用したものが実際多い。共通言語としての幾何公差の利便性から、特に車や携帯機器など多国間でのグローバルな部品調達が一般的な分野では顕著である。

一方、これまでの日本の図面では、幾何公差を使わないか、使っても部分的であり、中には残念ながら誤った使い方も多かった。

その結果、製図関連書籍などでは

・安定した品質、グローバル化への対応には幾何公差は必須である

・しかし日本の図面レベルは立ち遅れている

・このままでは世界の潮流から取り残される

と警鐘が鳴らされているのも事実である。

これを踏まえ、現在では幾何公差を積極的に図面に適用しようとする企業も

増えつつある。

　このような、幾何公差を活用した設計手法を、本書では幾何公差設計法（GD＆T）と呼ぶことにする。

　GD＆T導入による期待効果としては、
「部品の形体定義が完全かつ厳密となり、図面の解釈にばらつきがなくなることから、加工メーカーによらず同じ品質のものがつくられ、また生産のグローバル化にも対応できる」
ということが挙げられる。

　広い意味でモノづくりをトラブルなく円滑に進めるためには、幾何公差設計法を最大限取り入れることも重要であろう。

● 1.4.2　幾何公差指示の使い分け

　さて、ここまでの説明で幾何公差の役割、必要性はおおむね理解できたと思う。

　しかし、幾何公差適用の解釈をしゃくし定規に捉えると、精度的に過剰品質となり、コストアップの一因ともなりかねないことには注意が必要である。

　実際、幾何公差を導入すると部品コストが上がるのではないか、と懸念する声を耳にすることがある。

　先ほどの図1.5の幾何公差指示例を見て、読者にはこれを加工する立場として、この部品が何に使われるかを考えてみていただきたい。

　この図面から受ける印象は、かなりの高精度を要求された穴付き板であるが、もしこの部品が単なるスペーサであり、穴は軽量化のために追加してあるのだとすると、「果たしてこのような図面で本当にいいのかどうか」である。

　例えば、この部品のスペーサ用途として、上下面の平行度だけが重要となるのであれば、そのような設計意図を明確にした幾何公差指示を考えた方がよい。

　図1.6に設計意図と幾何公差指示の例を示す。

　同図(a)は、設計意図のイメージ図で、同図(b)は、その設計意図を反映した幾何公差指示例である。

　この例では、データムと平行度が指示された2つの面以外は、従来通りの寸法および公差で指示されており、前述した2点間測定による検査で十分であるという設計意図が盛り込まれている。

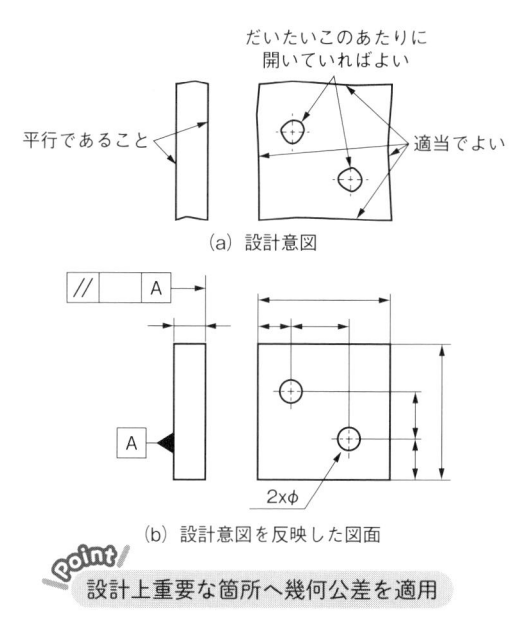

(a) 設計意図

(b) 設計意図を反映した図面

設計上重要な箇所へ幾何公差を適用

図1.6　設計意図を明確にした幾何公差指示例

　その結果、この部品の加工や検査には、指定された箇所に対してのみ細心の注意が払われ、それ以外の箇所の作業は必要最小限のコストで済むことになる。

● 1.4.3　VE と GD＆T

　図面は、それを基に加工や検査をする作業者に設計意図を伝える手段であるが、幾何公差を使って完璧を期した図面を作成した結果、どのような機能要件を持った設計なのかがかえってわかりにくくなる上、加工や検査に過剰な手間とコストをかけてしまう可能性もある。

　設計意図とは、部品に対する設計上の機能要求事項である。

　部品には、多少のコストをかけてでも精度を確保したい箇所と、可能な限りコストを抑えたい箇所の両方が含まれるが、理想的には両者のバランスがとれていることが望ましい。

　機能・品質とコストの関係に関してはVE（Value Engineering）の手法が知られているが、幾何公差設計法であるGD＆Tにも同様な考え方が適用できる。

　図1.7にVEとGD＆Tにおける機能・品質とコストの相関を示した。

　この図で、縦軸はどちらもコスト軸だが、横軸はVEでは機能・品質である

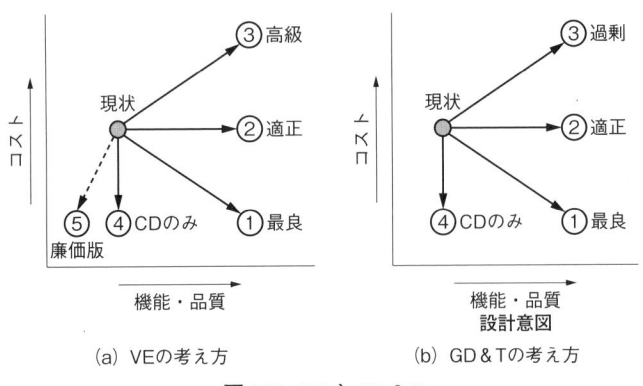

図1.7 VE と GD＆T

が、GD＆Tではそれに設計意図を加えてある（図中のCDはコストダウンを意味する）。

　VE も GD＆T も、理想的には図中の現状のポイントから①で示した最良ポイントを目指すが、両者の違いは③のポイントの解釈である。

　VEでは、多少のコスト上昇を認めた上で、高機能化や高利便性を追求し商品価値を高める選択肢があるが、GD＆Tの場合、設計意図を過度に強調し形体定義の厳密さを追求するあまり、過剰な機能・品質による不本意なコスト上昇を招く可能性もありうる。

　GD＆Tでは、幾何公差を適用して必要な機能要件を明確にする一方で、幾何公差を適用しない部位に関しては、機能を損なうことなくコストが上がらない手法・手段により、加工や検査を行ってよいという意図も表現できる。

　その意味で、幾何公差をあえて使わないという選択肢も残されるべきであろう。

　つまり、幾何公差の効果的活用には、機能・品質とコストのバランスをとりながら、設計意図を正しく伝えるという「ほどよい使い分け」も必要であると言える。

まとめ

　部品図面において、従来のサイズ公差のみによる指示方法では厳密な形体定義とはならない。

　そのため、実際の加工品は図面指示通りにできあがっているものの、設計が意図しなかった形状のあばれを含んでいる可能性がある。

　つまり、実際にできあがった実体は、設計意図からすると不完全なものとなり、それが結果として品質トラブルにつながる。

　この問題を解決する手段が幾何公差であり、設計意図の正しい伝達、品質の安定化、生産のグローバル化、コストの適正化を図る上で重要な手法であると言える。

　次章では、JIS製図規格での形体の幾何学的特性に関する基本原則について解説する。

ミ ニ コ ラ ム

幾何公差黎明期に実際にあったおはなし

「そんなものは作れません！」

ある設計者が加工メーカーに図面を出したところ、問合せの電話がかかってきた。

メーカー：「今回の図面ですが、寸法に四角い枠が付いているのはどういう意味ですか？」

設 計 者：「あ、それは理論寸法といって、誤差のない寸法のことです」

メーカー：「誤差のない、ですか…すみませんが、弊社ではそんなものは作れません」

「元に戻してくれ！」

ある設計者が社内の検図会議で説明していた。

上　　司：「この記号や数字の入った四角い枠はなんだ？」

設計者：「それは幾何公差といって、これからはそれを使って図面を描くようになりました」

上　　司：「これ、私にはわからないので、元の描き方に戻してくれんか」

頑張れ、設計者。

第 2 章

形体定義編
「JIS製図には基本原則あり」

　前章で、従来のサイズ公差主体の図面表記法での形体定義のあいまいさに起因した問題点を挙げ、このような問題を解決する手段として厳密な形体定義を可能とする、幾何公差を用いた図面表記の必要性について解説した。

　本章では、このJISやISOでのサイズに関わる形体定義の基本原則である「独立の原則」と、その補完指示となる「包絡の条件」について、JIS規格で定義されている内容を踏まえ、その意味や用法について図例を用いてわかりやすく解説する。

2.1　モノの大きさと形の崩れの関係

物体はその大きさが大きくなるほど、寸法や形が理想的な状態から外れてくるのは日常よく経験することである。

ここでは、その寸法や形の崩れについて、幾何公差特有の考察を加えてみる。

● 2.1.1　加工上の制約による形の崩れ

例えば旋盤による軸部品の旋削加工を考えてみる。

軸長が長くなればなるほど、真っ直ぐに加工するのは難しい。短い軸の方が真っ直ぐに加工するのは容易であろう。

フライス盤での平板の切削加工の場合も同様で、広い面積を平坦に加工するより、狭い面積を平坦にする方がはるかに容易である。

これらの理由は、重力の影響や加工機の精度などが、色々な形で加工に影響してくるからである。

このように、長さや広さといった尺度の大小では、一般には加工上の制約により、製品の大きさと形の崩れ（仕上がり状態）には関連性があると考えてもよいであろう。

● 2.1.2　大きさと形の独立した振る舞い

一方で、JISの基となっているISOのGPS（Geometrical Product Specifications：製品の幾何特性仕様）規格では、製品の大きさ（サイズ）と幾何特性は互いに影響を及ぼさない、つまり独立に振る舞うということが前提となっている（次節で詳述）。

図2.1に大きさと形の崩れについて簡単な図例を示す。

同図(a)の軸部品の場合、中心線は真っ直ぐだが任意の位置での直径がばらばらにできあがっている、或いは直径はどこを測ってもほぼ同じだが中心線が曲がっている、ということは実際にあり得る。

また同図(b)の平板の場合も、平面が平らにできているからといって厚さが均一とは限らず、逆に厚さが均一だから平面が平らにできているとも限らない。

このことは、直径や厚さといった長さの寸法値と、中心線の曲がりや平面のうねりといった幾何特性（幾何学的な形状の特徴）は、別々に評価されるものであることを意味している。

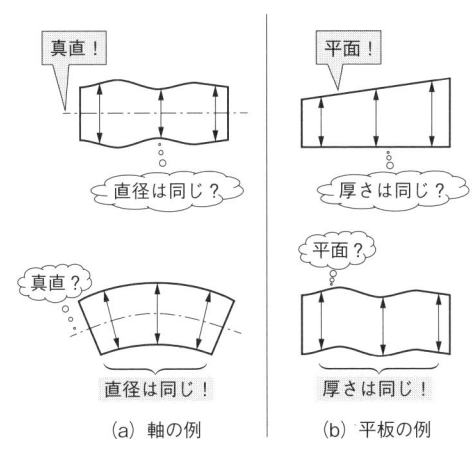

図2.1　大きさと形の崩れ

　前述した、大きくなると形が崩れるというのは、あくまでも加工上の制約による結果であるが、局部的に見れば大きさと形の崩れには必ずしも関連性があるとは言えない。

　JISでは物体の直径や平行2平面の寸法を「長さに関わるサイズ」、相対する2点間の距離を「2点間サイズ」としているが、以降ではこれらを単に「サイズ」と表記する場合もある。

　なお、円すいやくさび形状のような角度を持つ形体に対しては「角度に関わるサイズ」も定義されているが、本書では長さに関わるサイズを主にとりあげる。

　この長さまたは角度に関わるサイズによって定義された幾何学的形状のことを「サイズ形体」（feature of size）と呼ぶが、サイズ形体の大きさと幾何学的な形状の偏りの評価に関する重要な考え方として、「独立の原則」がある。

2.2　独立の原則

　独立の原則（independency principle）はJISやISOでの形体の幾何学的定義の基本原則である。

● 2.2.1 規格上の定義

　JIS（B0024:2019）では、独立の原則は、

　"一つの形体又は形体間の関係に関するどのGPS仕様も、規格で規定するか、又は特別な指示があるときを除き、他の仕様とは独立して満足しなければならない"

と定義されている。

　つまり同じ形体で幾何公差指示でのばらつきとサイズ公差指示でのばらつきは別々に扱われる、ということであるが、これを少しわかりやすい図例で説明する。

● 2.2.2 「独立の原則」の解釈

　図2.2に独立の原則の解釈例を示す。

　同図上は円筒部品にサイズ公差と幾何公差を適用した図である。

　同図では、直径の許容限界サイズは $\phi 9.9 \sim \phi 10.1$ で、幾何公差（真直度（―））で指示した中心線の曲がりは $\phi 0.5$ の円筒公差域内にあることを要求している。

　円筒の直径サイズは2点間サイズ（JIS B0420-1）で評価されることから、解釈は例えば同図下のようになる。

　この図から、直径がどこを測っても許容限界サイズ内であり、中心線の曲が

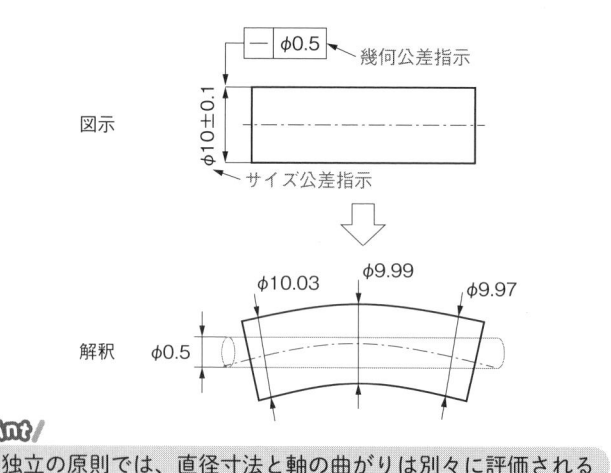

図2.2　独立の原則の解釈例

りが真直度公差内に収まっていれば、この円筒部品は図示規格に適合している（図面通りにできている）と言える。

　また図2.1の軸の例で示したように、以下のことが成り立つ。
・直径のばらつきを厳しく規制しても、軸の曲がりまでは規制できず、限りなく真直にはできない
・軸の曲がりを厳しく規制しても、直径のばらつきまでは規制できず、限りなく φ10.00... にはできない
つまり、サイズ公差と幾何公差が互いに無関係に振る舞う、すなわち独立した関係にあることがわかる。

　例えば、中心線の真直度や面の平面度が設計的に重要である場合に、軸径や板厚について必要以上に加工や検査のためのコストをかける必要はないはずである。
　逆に、軸径や板厚の均一性の方が重要であるなら、真直度や平面度を出すための過剰な加工設備や検査は不要である。
　独立の原則の考え方の利点は、設計時点で軸径や板厚などのサイズのばらつきと、真直度や平面度などの幾何特性のばらつきのバランスを、独立して適切に設定することで、機能品質と生産コストを適正化した製品設計につなげられる点である。

　この独立の原則に対して、サイズと幾何特性のばらつきに関連性を持たせるための指示方法があり、それを「包絡の条件」と呼ぶが、その考え方を理解するために必要な基礎的事項について、先に説明する。

2.3　最大実体と最小実体の基礎的事項

　最大実体や最小実体に関連する事項は第8章で改めて詳述するが、ここでは包絡の条件の理解に必要な内容に絞って解説する。

● 2.3.1　最大実体状態
　図面やCAD上の形状は理想的なものであるが、実際にできあがった物体、す

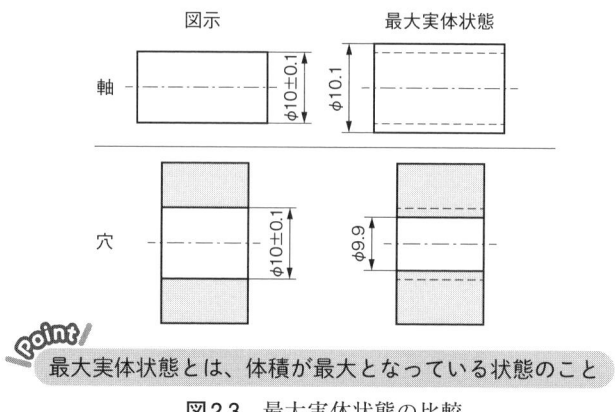

最大実体状態とは、体積が最大となっている状態のこと

図2.3　最大実体状態の比較

なわち「実体」は加工の影響により、指定された公差内でいびつな形状をしている（第1章を参照）。

　この時、実体の寸法がどこを測っても上の許容サイズ（図示サイズ＋上の許容差（公差の上限値））になっている場合、この実体は体積が最大になっているはずである。

　この体積最大となるサイズのことを「最大実体サイズ」（MMS：maximum material size）、またその状態のことを「最大実体状態」（MMC：maximum material condition）と呼ぶ。

　図2.3に、軸と穴との最大実体状態の比較を示す。

　同図からわかるように、軸と穴とでは最大実体状態が異なり、軸の場合は軸径が最大になっている状態、穴の場合は穴径が最小になっている状態であることに注意する。

● 2.3.2　最大実体実効状態

　前節で解説したように、形状には、サイズのばらつきと幾何特性のばらつきの両方が存在する。

　したがって、実体はサイズのほかに幾何特性のばらつきがもたらす曲がりや凹凸による変形状態も併せ持つことになる。

　図2.4に、サイズと幾何特性の両方のばらつきがいずれも最大となった状態を示す。

　同図上段は、円筒部品に直径寸法および公差と中心線の真直度を指示した例

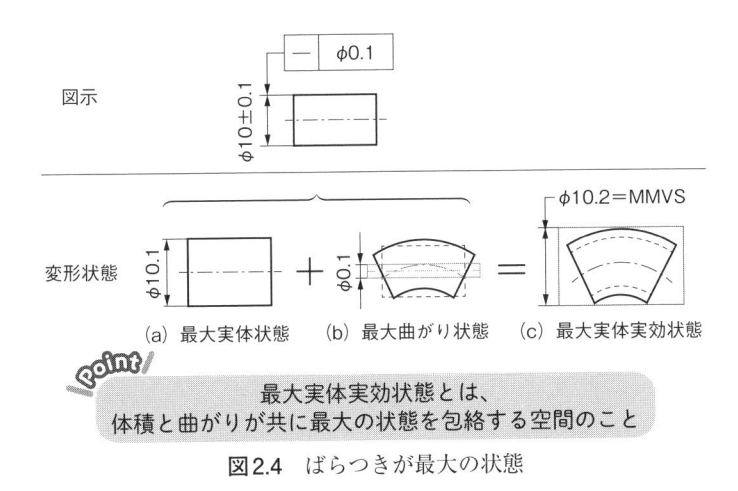

図2.4　ばらつきが最大の状態

である。

　同図下段(a)に示すように、この部品の直径が全長にわたって上の許容サイズでできあがっていれば最大実体状態にあり、また同図(b)に示すように、この部品の中心線は真直度公差の上限までの曲がりが許容される。

　つまり、同図(c)に示すように、この円筒部品は、最大実体状態かつ最大曲がり状態を併せ持ち、この状態を包絡する完全形状のことを「最大実体実効状態」（MMVC：maximum material virtual condition）と呼ぶ。

　MMVCの仮想円筒の直径（これを最大実体実効サイズ（MMVS：maximum material virtual size）と呼ぶ）は、元の円筒の直径の上の許容サイズに真直度公差を加えたもので、この例では10.1＋0.1＝10.2となる。

　このMMVCの空間は、部品が公差内でサイズや幾何特性が最大に変化しても、必ず収まる空間である。

　したがって、MMVCで作成された検査治具を用いることで、円筒部品がサイズと幾何特性の規格の両方を満足できているかどうかを確認することができる（なお、このような治具を「機能ゲージ」と呼ぶが、詳細は第8章で解説する）。

● 2.3.3　最小実体状態

　最大実体とは逆に、体積が最小となるサイズのことを「最小実体サイズ」（LMS：least material size）、またその状態のことを「最小実体状態」（LMC：least material condition）と呼ぶ。

図2.4の例で言うと、直径が全長にわたって9.9に仕上がった状態である。

　最小実体サイズは、リングゲージで軸径を検査する場合のゲージの最小穴径に相当する。

　つまり、このサイズより小さく仕上がった円筒部品は不合格品となる。

　なお、最大実体実効状態に対応する形で、最小実体実効状態（LMVC：least material virtual condition）という定義もあり、特に穴あき部品における穴と外縁の間の最小厚さを管理し、破断防止を図るために利用される（最小実体公差方式）が、包絡の条件とは直接関わらないため、説明は省略する。

2.4　包絡の条件

　包絡の条件（envelope requirement）は、ASME（アメリカ機械学会）における、サイズ形体に対する形体定義の原則である包絡原理（envelope principle）を、前述した独立の原則に取り入れるための特別な指示である。

　なお、包絡原理は独立の原則と対極をなす考え方でもある。

● 2.4.1　規格上の定義

　JIS（B0420-1:2016）では、包絡の条件は、

　"形体がその最大実体寸法における完全形状の包絡面（最大実体実効状態）を超えてはならない条件"

と定義されている。

　「完全形状」とは曲がりや凹凸のない理想的な形状のことを指し、定義文中の最大実体実効状態もまた完全形状である。

　つまり包絡の条件に従う場合、その部品は、自身が最大体積となる空間の中に必ず収まるような形状になっている、ということであるが、これを少しわかりやすい図例で説明する。

● 2.4.2　「包絡の条件」の解釈

　図2.5の上段は、円筒部品に包絡の条件を適用した図である。

　この図では、円筒の直径寸法の横にⒺという記号（Eはenvelopeの頭文字）が付いているが、これは直径サイズに対して包絡の条件を適用することを意味する指示記号である。

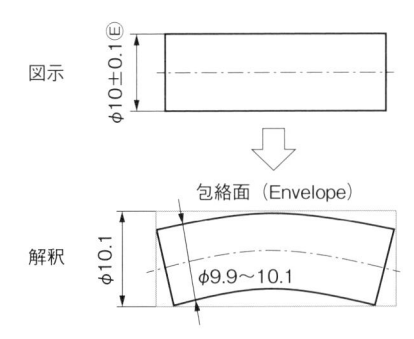

図示

$\phi 10 \pm 0.1$(E)

包絡面（Envelope）

解釈

$\phi 10.1$

$\phi 9.9 \sim 10.1$

Point

包絡の条件では、軸の曲がりは体積が最大の状態の空間まで許容される

図2.5 包絡の条件の解釈例

その解釈を同図下に示すが、ここの「包絡面」で示す仮想空間は、その直径が、円筒の最大の直径寸法（上の許容サイズ）と等しい空間である。

これより以下のことが成り立つ。

・円筒直径が上の許容サイズ（例では $\phi 10.1$）より小さい場合、この円筒は包絡面の空間に収まる限り、中心線の曲がりが許容される

・円筒直径がどこを測っても上の許容サイズとなっている、すなわち円筒が最大実体状態の場合、中心線に曲がりはなく、この円筒は完全に真直になる

つまり、サイズの変化により幾何特性が制御される、言い換えれば相互に独立した挙動にはならない、ということになる。

包絡の条件は、独立の原則というGPSの基本原則を補完するような指定となるが、これには次のような利点がある。

今、穴と軸、キーとキー溝のように、部品同士が互いにはめあいの関係にある場合を考えてみる。

図2.6は穴と軸2つの部品の例で、それぞれ直径寸法 $\phi 10$ の公差値の後ろにⒺを付して、包絡の条件を適用している。

ここで、穴と軸の径が共に $\phi 10.0$ の場合には、両者は最大実体状態であり、かつ包絡の条件により穴と軸の双方に曲がりは許容されないため、どちらも完全な真円であれば理屈上はゼロ嵌合（同一寸法同士のはめあい）が成立する。

もし穴径が上の許容サイズ方向へ、また軸径が下の許容サイズ方向へと変化

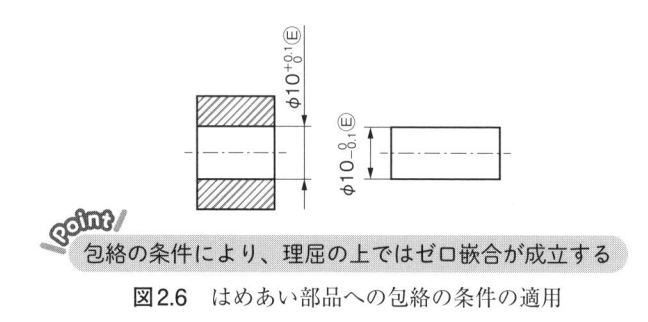

包絡の条件により、理屈の上ではゼロ嵌合が成立する

図2.6　はめあい部品への包絡の条件の適用

した場合、中心線の曲がりがなければ当然はめあいは成立するが、包絡の条件により中心線の曲がりがサイズ公差範囲内まで許容され、曲がりのある状態であってもはめあいは確実に成立する。

　この例のように、はめあい箇所に対して包絡の条件を適用すると、形体が最小実体状態に近付いた分だけ、幾何特性の制限を緩和することができる。

　極端に言えば、はめあいが成立しさえすれば多少の曲がりは許容する、という考え方であり、これにより生産上の歩留まりを上げられることが期待できる。

　ASMEの包絡原理は、大量生産における歩留まり向上と互換性確保の観点から合理的な考え方とも言え、ISOの規格においても、この利点を生かすために包絡の条件が導入されている、と考えてよい。

　ただし、ASMEの包絡原理は、幾何公差が適用された場合や特別な指示（ミニコラム内で紹介）が与えられた場合を除いて、サイズ形体に対して適用されることを付記しておく。

　なお、この包絡の条件は、第8章で解説する最大実体公差方式（MMR：maximum material requirement）の特別な例（ゼロ幾何公差方式）である。

まとめ

　JISやISOの製図の基本原則である独立の原則の下では、物体の大きさのばらつきと形の崩れは相互に影響せず、独立に振る舞う。

　独立の原則により、サイズと幾何特性を別々に設定・評価することが可能であり、それらのバランスをとることで、機能品質と生産コストを適正化した製品設計につなげることができる。

　包絡の条件は、独立の原則を補完する形で、特に部品同士のはめあいを合理

的に成立させる指示方法である。

　次章では、幾何公差を使う場合に是非理解しておきたい、データムの基本原則や使用に際しての注意点と事例について解説する。

ミ ニ コ ラ ム

ISO と ASME

　ISO は国際標準化機構のことで、世界の貿易を促進するために、国家間に共通な標準規格を制定する組織である（本部はスイス）。

　その規格は、工業製品や技術に限らず、あらゆる分野にまたがっている。

　機械設計分野でも多くの規格が存在し、該当する JIS 規格はほとんどが ISO 規格を引用したものとなっている。

　ISO の規格は 5 年から 10 年程度で比較的頻繁に改訂・制定されるため、JIS 規格もそれに追従して更新されるが、ISO の改訂内容の精査や和訳作業が入るためか、ISO から数年以上遅れて更新版が公開される。

　一方、ASME はアメリカ機械学会のことで、こちらは機械分野に特化した規格を制定している。

　日本は技術面でアメリカとのつながりは深いが、機械設計系の規格に関しては ISO に準拠しており、ASME 規格とは通常は関わりが少ない。

　とは言え、本文で紹介したように、サイズに関わる形体定義の原則的な考え方が ISO と ASME では異なるため、アメリカを含め ASME 規格を採用している企業との取引きにおいては注意が必要ではある。

　本章で紹介した包絡の条件は、ASME の考え方を ISO の原則に取り入れるための方法であるが、ASME にも ISO の独立の原則を取り入れるための特別な指示記号（Ⓘ：independency symbol）が定義されており、製図規定に関しては、ISO と ASME が双方の規格のメリットを認めて歩み寄る傾向にあるのが興味深い。

第3章

データム編
「基準を明確にする」

　設計を開始する時、最初に引く線は基準線である。

　現在は、設計ツールに2次元や3次元のCADを使うことが普通であるが、一般にCADには絶対座標が存在し、設計時は多くの場合、この座標系を基準としてレイアウト検討を始める。

　新規設計の部品であれば、その部品のどこが基準であるかを考えて形状を構築しながら、他部品との位置関係を検討し、また、ねじやベアリングなどの標準部品や既存の部品（流用部品）の場合は、それらの基準となる面や軸を使って配置検討する。

　このように、基準とは、部品の形状を定義するための重要な基本要素であると共に、組立て配置の際の位置決め要素でもある。

　GD＆T（幾何公差設計法）では、この基準をデータムと呼び、形体の基準や位置決めの基準として用いるが、加えて従来の基準の考え方を拡張した使い方もされる。

　本章では、このデータムについて、定義や用法、注意点について図例を用いながら解説する。

3.1 基準とデータム

ここでは、基準とデータムの定義を比較・解説する。

● 3.1.1 基準の定義

「基準」の一般的な定義を挙げると、以下のようなものになる。

・部品の寸法指示の開始位置（設計基準）

・加工の開始位置（加工基準）

・測定の開始位置（測定基準）

最終的に、製品を組み上げる際は、構成部品の固定や位置決めとして使用される。

そのため、どこが基準であるかを、加工や検査、組立て工程に正しく伝える必要がある。

図3.1に、代表的な寸法記入例と基準の解釈を示す。

同図(a)は並列寸法や累進寸法で指示したもので、この場合は寸法の開始点が一見して理解でき、この図例では底面が基準である、と判断しても特に問題はない。

一方、同図(b)の直列寸法指示の場合は、どの面が基準であるかが不明である。

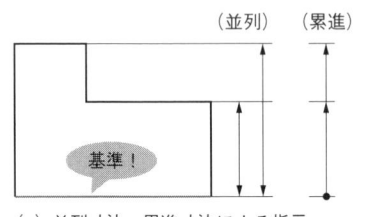

（並列）（累進）

基準！

（a）並列寸法・累進寸法による指示

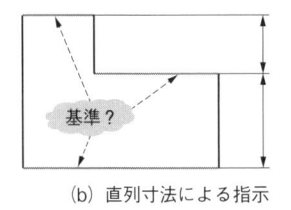

基準？

（b）直列寸法による指示

※基準であることを明示

基準

（c）基準の明示例

図3.1　基準の解釈例

　この場合、通常は図面内に基準とする線であることを注記や記号（"基準線"、"Datum"、"D.L"など）で明示することになる（同図(c)）。

● 3.1.2　データムの定義

　「データム」の一般的な定義は、ほかの形体の状態を定義するための基準となる形体のことである。

　ここで形体（feature）とは、部品上の点、線、面を指し、状態とは、それらの位置や姿勢（傾き）を指す。

　図3.2にデータムの使用例を示す。

　どちらも直列寸法を用いた図であるが、同図(a)は底面に、同図(b)は中間の面にデータムを指定している。

　このように、データムを使うことで、この部品のどこが基準であるかを明示できる。

　重要なのは、データムが、基準を指示する世界共通の記号である、という点である。

　図3.3にデータムと配置例を示す。

　同図(a)に示すように、一般的には、データムは黒塗の正三角形と四角枠で囲った英大文字（データム文字：datum feature identifier）の組合せで表記する。

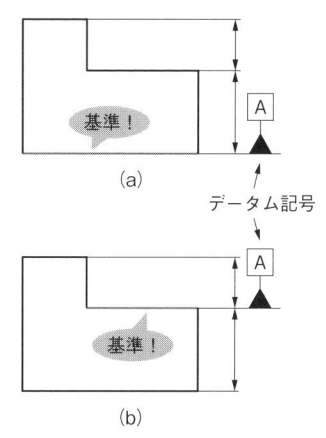

図3.2　データムによる基準指示例

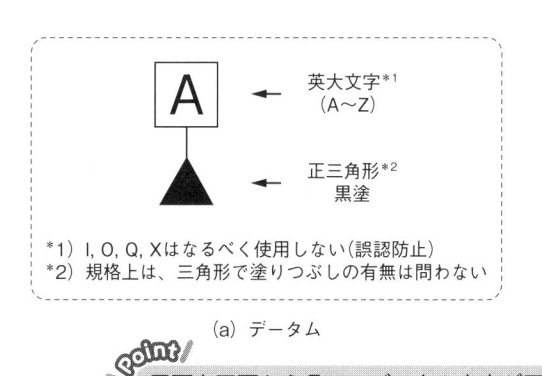

(a)　データム

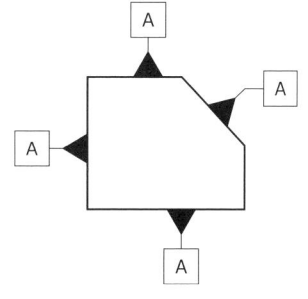

(b)　データムの配置例

Point!

　図面を正面から見て、データム文字が正立して見えること

図3.3　データムと配置例

また同図(b)に示すように、図面を正面から見た場合に、データム文字がその外枠も含めて正立しているように記入する。

なお、データム文字には誤認防止のため、I、O、Q、Xの使用は推奨されていない（ISO5459:2011）が、実際にはX軸基準としてのデータムにデータムXを指示することも多いため、あまりこだわる必要はないであろう。

● 3.1.3　データムの指示例

図3.4に代表的なデータムの指示例とその呼び方を示す。

表面への指示か、中心線/中心面への指示かで呼び方は異なるが、後者の場合は、同図のように寸法線に揃えてデータム記号を配置することに注意する。

● 3.1.4　データムによる自由度の拘束

物体にはx、y、zの3軸の並進方向と回転方向の、合わせて6つの自由度がある。

データムは、これらの自由度の全てを拘束（完全拘束）または一部を拘束（不完全拘束）して、対象部品を固定できるように設定する。

そして、このデータムを参照した幾何公差を用いて、部品上の形体（面や中心線など）の位置（location）や姿勢（orientation）を規制する。

図3.5は、データムによる自由度の拘束の一例である。

同図左の、3平面へのデータム指定による拘束が最も基本的なものであるが、実務上は同図中央または右のような拘束方法をとることも多い。

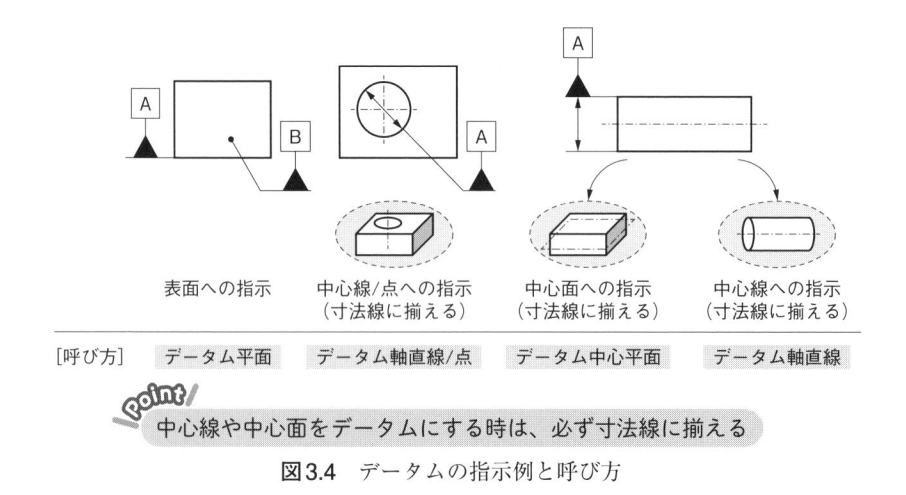

図3.4　データムの指示例と呼び方

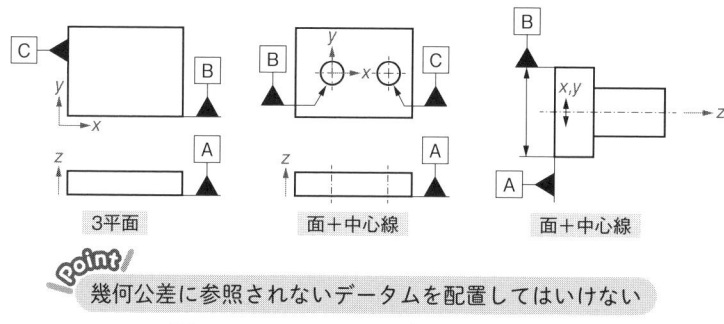

幾何公差に参照されないデータムを配置してはいけない

図3.5　データムによる自由度の拘束例

同図右の例は、x,y 面内の回転自由度が残った不完全拘束の状態であるが、単純な軸部品のように、回転方向に対する位置の固定が必要ない場合に用いる。

なお、注意しなければならないのは、データムは必ずそれを参照する幾何公差とセットで使用される、という点である。

データムは、幾何公差による形体の規制のための基準であり、どの幾何公差にも参照されず、単に自由度の拘束のためだけに単独で図中に存在することはない。

3.2　データム形体と実用データム形体

データムで指示された面は、図面や CAD 上では完全な平面だが、加工後の実際の面は、程度の差こそあれ、必ず凹凸やうねりがある。

ここでは、この実際の面とそれを代用する面について解説する。

● 3.2.1　図面と実物のデータムの違い

図面上データムを指示された加工物の面（実際の面）のことを、データム形体（datum feature）と呼ぶ（**図3.6**）。

同図に示すように、図面上のデータムは完全な（理想的な）平面であるが、それを基に加工された実物のデータム指示面は、加工都合のため完全な平面とはならない。

● 3.2.2　データムの代用

実際の面すなわちデータム形体は、そのままでは測定の基準として扱うには

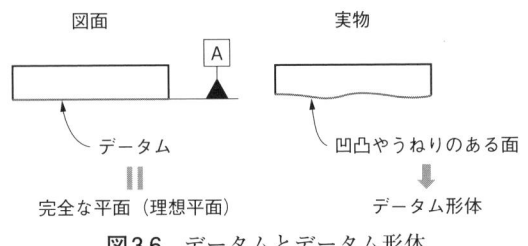

図3.6 データとデータ形体

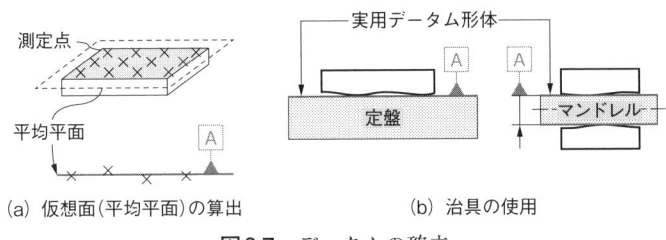

(a) 仮想面(平均平面)の算出　　　　(b) 治具の使用

図3.7 データムの確立

相応しくないため、これを理想平面に近似することを考える。

図3.7にデータムを確立する方法の例を示す。

同図(a)はデータム形体上の多数の点の座標を3次元測定機などで取得し、平均平面を算出する方法で、同図(b)は対象物を定盤やマンドレルのような、面が精度よく仕上がった治具と接触させ、その治具の面を基準とする方法を示したものである。

同図(b)のように、データム形体を実体で代用した形体のことを実用データム形体（datum feature simulator）と呼ぶ。

図示上のデータムは、この実用データム形体により確立された点、軸または平面に置き換えられ、幾何公差を評価する際の、測定上の代用データム（simulated datum）となる。

3.3　データムの優先順位と設計意図

ここでは、組付け順を考慮したデータム指示方法について解説する。

● 3.3.1　組付け順の検討

図3.8に示す部品の、相手部品への組付け方法を検討してみる。

　この図例は従来記法による図面であり、底
面をA面、左側面をB面とし、丸穴の中心ま
での距離を各面からx、yで指示している（x、
yには適切なサイズ公差指示がなされている
ものとする）。

　図3.9は、この部品をL字形の相手部品に
組み付ける手順を考えたものである。

　同図(a)は、部品のA面を最初に相手部品
に突き当て、次にB面を突き当てている。

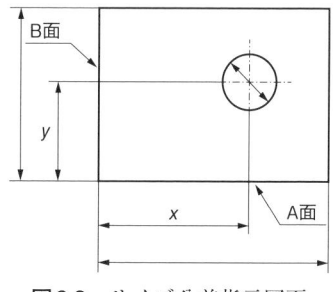

図3.8　サイズ公差指示図面

　一方、同図(b)は、逆にB面を先に突き当て、A面を後から突き当てている。

　ここで注目したいのは、組付けが終わった後での、相手部品から見た丸穴の
位置である。

　第1章で説明したように、サイズ公差指示の場合、この丸穴の中心の位置ま
での距離は2点間測定で評価される。

　同図ではわかりやすいように、A面とB面の間にあえて大きな角度を付けて

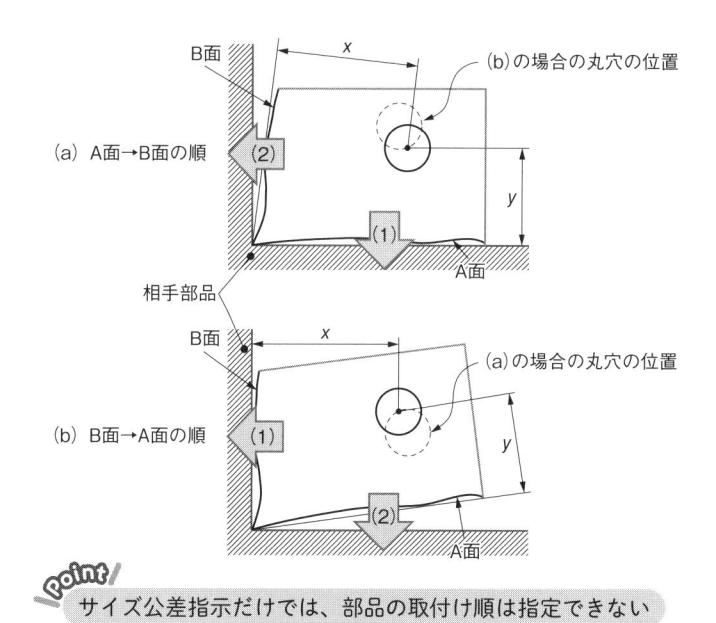

図3.9　組付け順の比較1

あるが、丸穴中心の位置は、この図に示すように実際に仕上がった面からの距離である。

この距離、x、yの値が許容限界サイズ内に入っていれば部品としては合格品であるが、相手部品に組み付けた状態では図中に記載したように、どちらの面を先に突き当てるかで丸穴の位置が異なることがわかる。

例えば、相手部品側に、丸穴に相当する位置に軸が配置されているとした場合、(a)を選ぶか(b)を選ぶかで、その軸が穴に挿入できず組付け不良となる可能性がある。

● 3.3.2 組付け順の明示

図3.10は図3.9の部品の穴位置に対して位置度を指定した例で、穴位置はTEDを使って寸法指示している。

前項でA面、B面とした面には各々データムA、データムBを設定し、この2つのデータムを参照して(a)と(b)の2種類の位置度指示が与えられている。

両者の違いは幾何公差の公差記入枠（tolerance indicator）内でのデータム文字の並び順である。

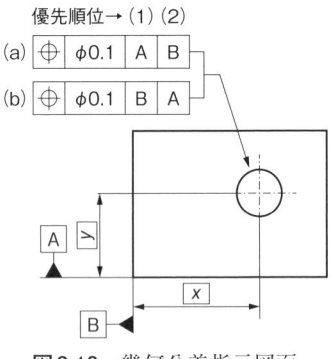

図3.10　幾何公差指示図面

データム文字が複数並ぶ場合は左側にあるものほど優先順位が高いため、(a)はデータムAが第1優先、Bが第2優先となり、(b)はその逆順となる。

では、この図面によって作製された部品を、先ほどと同じL字形の相手部品に組み付ける手順を考えてみよう。

図3.11(a)は最初に第1優先であるデータムA面を相手部品に突き当て、次に第2優先のデータムB面を突き当てた状態で、同図(b)はその逆順で突き当てた状態である。

この部品は位置度の幾何公差によって、穴の中心がTEDで指定されたxとyの理想的な位置を中心とする、φ0.1の円筒公差域内にあることを指示されている。

この図例も、わかりやすいように形状を極端にゆがめて描いてあるが、部品単体での穴位置は異なるものの、データムの優先順位に沿った組付けを行えば、

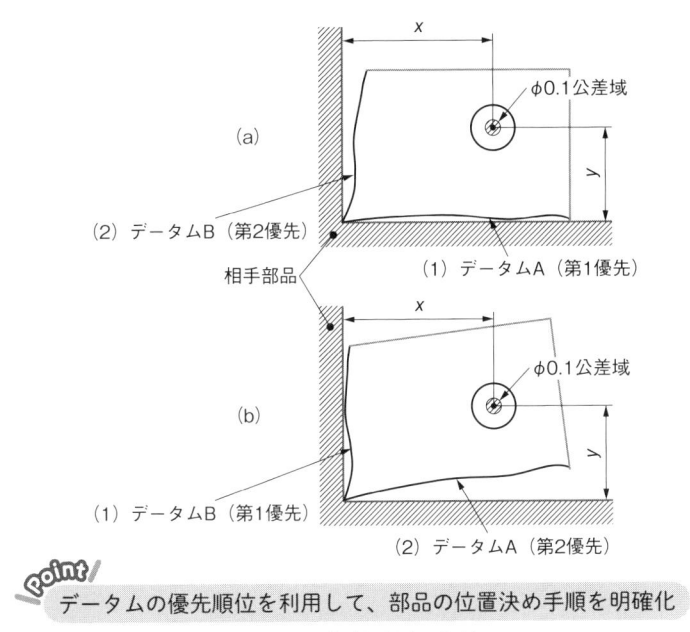

Point
データムの優先順位を利用して、部品の位置決め手順を明確化

図3.11　組付け順の比較2

どちらの場合も相手部品に対する位置関係は同じとなっていることがわかる。

つまり、前の例のように、相手部品側に軸が立っているとすると、この部品の穴と相手の軸は適切なはめあい公差が指定されていれば、理屈上は必ず嵌合が成立する（ただし、相手部品の軸も同じ優先順位を指示した位置度による幾何公差指示がなされている必要がある）。

例えば、設計者が図3.10の(a)の位置度指示を選択した場合、加工者も測定者も製造担当者も、図面からその意図を読み取って、データムAを第1優先とした作業をすることになる。

この例からわかるように、設計段階でデータムの優先順位を明示しておくことで、組付けに至るまでのプロセス全体に設計意図を伝えることができる。

● 3.3.3　設計意図との関係

データムの優先順位に関する最後の例として、**図3.12**に示すくさび形の部品をとりあげる。

この部品の斜面にはデータムBを角度基準とした傾斜度が指定され、公差記

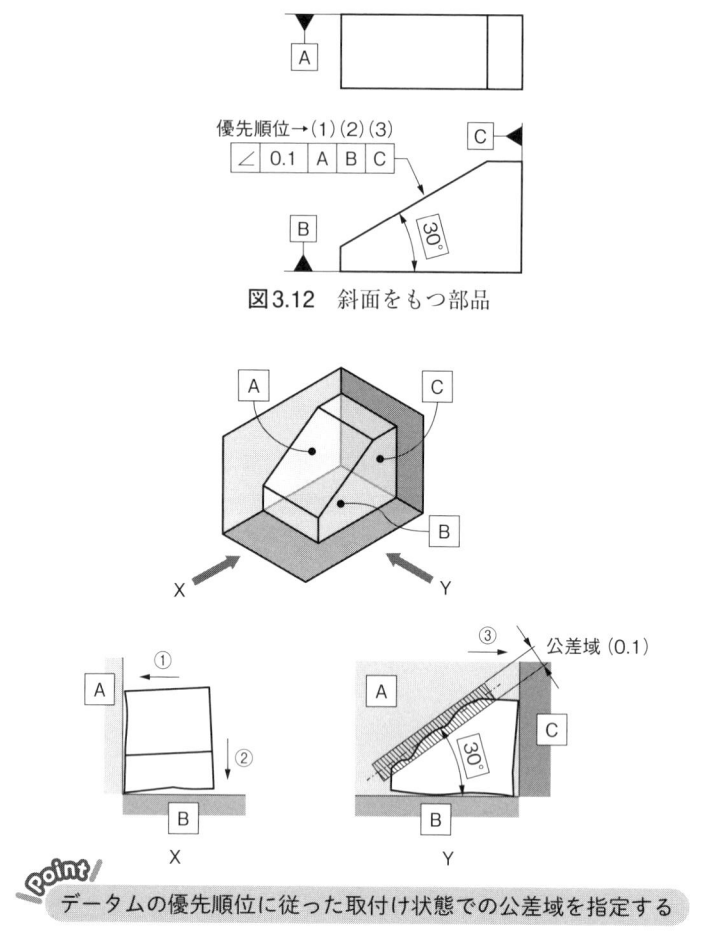

図3.12　斜面をもつ部品

図3.13　組付け順と斜面の評価

入枠内のデータムはA、B、Cの順で記入されている。

　したがって、この傾斜度指示は、部品が相手部品に対してA→B→Cの順番で組み付けられることを、設計意図として表現している。

　図3.13に、この部品の組付け順と斜面の評価の方法を示す。

　この部品は、A、B、C各面をこの順番で相手部品に突き当てたあと、その斜面が、傾斜度の角度基準となっているデータムBの面からTED30°の角度の、指定公差域に入っているかどうかが評価される。

　評価されるのは斜面の傾き（姿勢）であるが、そのための部品の位置決めの

順番が設計上重要であり、それを公差記入枠内のデータムの並び順で決めている、ということに注意する。

3.4　共通データム

データムは通常、1つの形体に対して1つが設定される。

しかし、部品の設計要件により複数のデータムをひとまとめに考えられた方が都合のよい場合がある。

ここでは、そのような場合に便利なデータム指定方法について解説する。

● 3.4.1　共通データムの定義と基本用法

2つの異なる形体（表面や中心線など）へのデータムを、1組のデータムとして扱った時のデータムのペアを共通データム（common datum）と言う。

図3.14に共通データムの表記方法の例を示す。

共通データムは、公差記入枠内のデータム枠（左から3番目以降の枠）の中に、ペアとするデータム文字をハイフンでつないで記入する。

図3.15に代表的な使用例を示す。

段付き軸に対する共通データムの図示例は、JIS規格ほか種々の専門書でも紹介されている。

この図では、小径軸①にデータムA、小径軸②にデータムBが設定されており、それらを共通データムとした同軸度が、大径軸③の中心線に指示されている（同軸度は1つのデータムしか参照しないが、2つのデータムが共通データム化されているため、文法上は問題ない）。

この意味は、同図下の解釈に示すように、左右の小径軸の中心線2本を用いて1本のデータム軸直線を構築（定義）し、それを参照して中央の大径軸の中心線の同軸度を規制する、ということである。

ここで注意すべきことは、共通データムに指定された2つのデータムの間に

図3.14　共通データムの表記方法

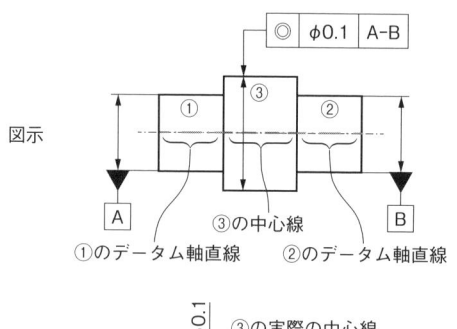

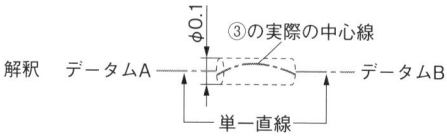

図3.15 共通データムの代表的な使用例

は優先順位がない、という点である。

　AとBの2つのデータム文字が、前節の図3.10や図3.12で示したように、公差記入枠の別々のデータム枠に入っていれば、並び順による優先順位が発生するが、1つのデータム枠に入っている場合は優先順位はない。

　なお「優先順位がない」とは、この例の場合、設計上の仕様としてどちらの小径軸を先に相手部品に挿入しても、機能上は問題ないという意味である。

　加えて、加工や検査、組立てにおいても優先順位を考慮した段取りが必要ないため、コスト面で有利とも言える。

　次に、共通データムのその他の適用例をいくつか紹介する。

● 3.4.2　平行2平面への適用例

　図3.16は高さの異なる平行2平面に対して共通データムを指示した例である。

　2つのデータムAとBを設定した平面は、どちらの面を先に相手部品に取り付けるかは不問であるため、これらを共通データムとして参照した位置度により、最上面の位置を規制している。

　この例は、前項の図3.15に示した中心線に対する共通データム指示の平面版と考えればよいが、データムAとBの距離寸法もTEDとしている点に注意する。

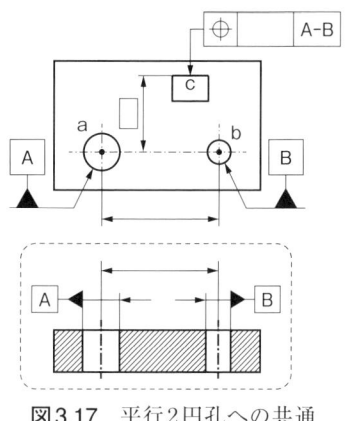

図3.17 平行2円孔への共通
データム指示例1

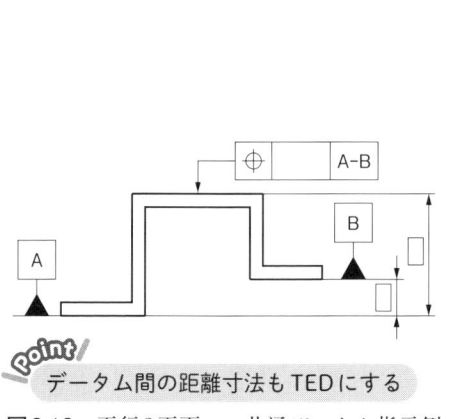

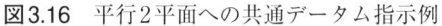
データム間の距離寸法もTEDにする

図3.16 平行2平面への共通データム指示例

なお参考ではあるが、図3.15の段付き軸の例は、第4章で取り上げる「暗黙的なTED」により、2つのデータム軸直線間のTED0の距離が省略されていると解釈できる。

● 3.4.3 共通データムの適用例（平行2円孔）

図3.17は平行な2本の穴の中心線に対して共通データムを指示した例である。

2つのデータムAとBは、cで示した面の垂直方向の位置の基準となる水平線を定義するために使用されている。したがって優先順位を考慮する必要はなく、共通データムとしてある。

面cの位置度の評価に用いられるのは、穴aとbの中心線を含む仮想面からの距離である。

なおこの図例では、穴の中心線の相対的姿勢（平行性）については規制していないが、より厳密に定義するためには例えば中心線に対する平行度などの付加的な幾何公差指定が必要となる。

図3.18は2つの穴a、bを参照して、穴cの位置を規制している例である。

この図例の解釈は以下となる。なお、穴aとbには、データムAに対する直角度のみを要求した上で、データムを設定している。

① 穴cの第1優先データムは、穴aのデータムBを基準軸として指定している

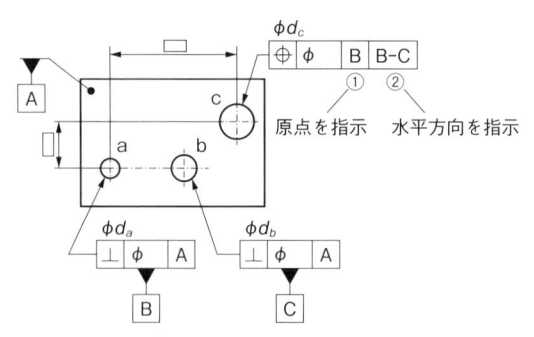

図3.18　平行2円孔への共通データム指示例2

② 　穴cの第2優先データムは、共通データムB–Cとし、穴aとbの中心線を
含む平面を基準としている

したがって、穴cの位置は、データムBを原点とし、データムB–Cで決まる
直線を水平基準（x軸）とするxy座標系により規制されていることになる。

本例のような共通データムの使い方はあまりなじみがない方もいるかもしれ
ないが、水平や垂直の軸方向を決定する指示方法の1つとして、理解しておい
ていただきたい。

3.5　形体グループとデータム

形体グループ（a group of features, feature group）とは、形状が同じ複数の
形体の集まりを指し、図面上で"2×○○"などの指示がされた部位が該当す
る。

ここでは、この形体グループを1つのデータムとして扱う方法について解説
する。

● 3.5.1　形体グループの意味

図3.19に形体グループの例を示す。

本節で扱う形体グループは、同図左に例示したように、形体の個数が2つの
場合は同一直線上、3つ以上の場合は同一円周上に等間隔（等角度）で配置さ
れたものが対象であり、同図右のような配置は対象外である。

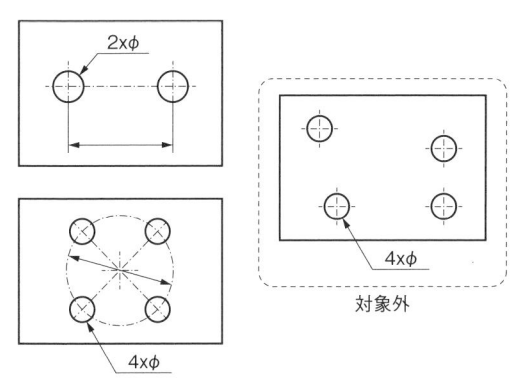

図3.19 形体グループの例

● 3.5.2 形体グループへのデータム指示例

図3.20に形体グループに対してデータム指示した場合の図例を示す。

穴a1とa2が同径で、この2つが形体グループとなる。

この形体グループに対して設定したデータムBが、形体グループへのデータムとなり、このデータムを参照して穴bの位置度を規制している。

この場合、約束事として、形体グループのデータムは共通データムとして扱い、同じデータム文字をハイフンでつないで記入する。

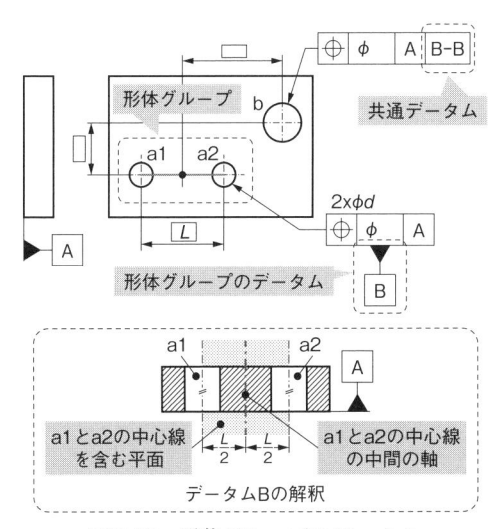

図3.20 形体グループのデータム

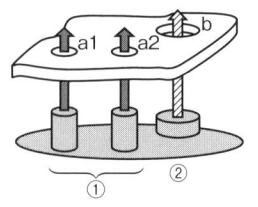

① 穴a1、a2に相手部品の軸2本が同時に挿入
② 穴bに3本目の軸が挿入

Point!

適切なデータム設定により、組立てイメージが明確になる

図3.21 形体グループと設計意図

　なお、データムBの解釈は同図下に示すように、2つの穴の中心線を含む平面と、その中間の軸となる。

　この図例の設計意図を**図3.21**に示す。

　この部品は、穴a1とa2に相手部品の2本の軸が同時に、すなわち順番は関係なく挿入され（①）、それらの軸をガイドとして、穴bに相手部品の3本目の軸が挿入される（②）、という仕様である。

　実場面での登場頻度は低いかもしれないが、このデータムの使い方も理解しておいた方がよい。

　また本例に見るように、適切なデータム設定がなされていれば、部品の使用形態に関する設計意図が、幾何公差指示によって明確に伝えられることにも留意する。

3.6　データムターゲット

　データムターゲット（datum target）とは、データムを設定するための、加工、測定および検査用の装置、器具などに接触させる対象物上の点、線または限定された領域のことである（JIS B0022）。

● 3.6.1　データムターゲットの必要性

　データムとして設定した面は、実際には加工による凹凸やねじれ、曲がりなどがあり、完全な平面ではないため、単一の基準の面とすることは難しい。

　そのため、前述したように定盤などを実用データム形体としてデータムの代

用とするが、その他の方法としてデータムターゲットの設定がある。

　例えば、ある部品のデータム指定面を相手部品にねじ止め3か所で取り付ける場合、一般的にはねじ穴近傍の限定された領域3か所によって形成される面が、実際のデータムとして機能する。

　このような場所、領域をデータムターゲットとして図面上に明示しておくことで、加工や測定、検査時に適切な治工具が準備されることになる。

● 3.6.2　データムターゲットの指示例

　図3.22に、データムターゲット記入枠と代表的な指示例を示す。

　ただしこの図例は、データムターゲットの指示方法を1つの図にまとめてあるだけのため、作法的には不備のある点はご了解願いたい。

　同図では、データムAを構成するデータムターゲットが4か所あるが、このことを明示するために、データムAの記号の横に、A1, 2, 3, 4のようにデータムターゲット番号を記入する。

　なお、ISO（5459:2011）の図例によると、長方形領域への指示の場合は、領域サイズの幅×高さの並びでデータムターゲット記入枠内（入りきらない場合は引出線を用いて枠外）に記載することになっている。

　データムターゲットの位置を明示するために寸法指示が必要であるが、その方法については第4章で解説する。

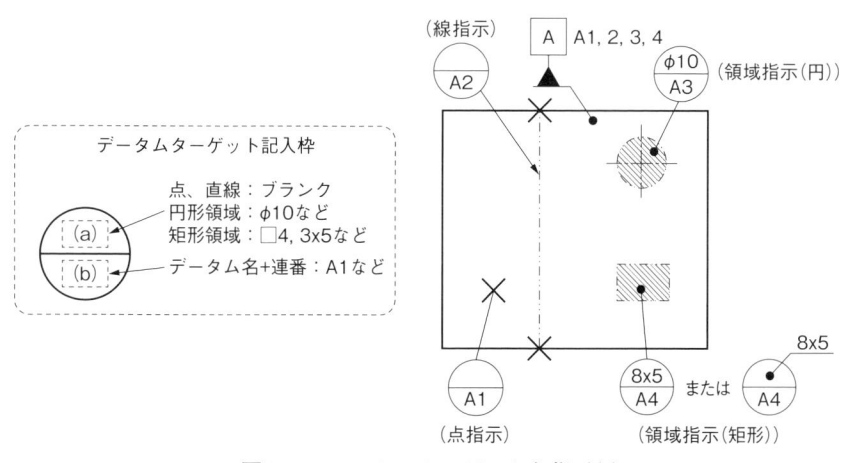

図3.22　データムターゲットと指示例

まとめ

　データムは、幾何公差の参照基準を明確にするための、重要な要素である。

　データムの優先順位を適切に設定することで、設計意図を加工、検査および組立て工程の現場に正しく伝達することが可能となる。

　また、共通データムや形体グループへのデータムの活用法を理解することで、幾何公差による設計意図の表現がより正確かつ強力になる。

　本章で解説した、データムの考え方や活用法を身につけ、幾何公差の有効活用を図っていただきたい。

　次章では、幾何公差指示図面で頻繁に出てくるものの、解釈や使い方に迷うことの多いTED（理論的に正確な寸法）について、事例を交えて解説する。

─ ミ ニ コ ラ ム ─

共通データムの難しい考察

　図3.23上の形状イメージに示したような、4つ脚の部品を考える。

　設計意図としては、高さの異なる4つの脚を基準にして天面の位置を規制したい（相手部品の取付面の高さが異なるため）。

　この場合、同図(a)の指示方法がまず考えられる。

　4つの脚にそれぞれデータムを設定し、それらを全て共通データムとして扱って天面を位置度で規制している。

　これでもよいように思われるが、共通データムはそもそも2つのデータムを1つとして扱うものと考えると、3つのデータムを1つとすること自体、無理があるかもしれない。

　同図(b)はこの考えに基づき、データムAとBを共通データムとして、中央右の脚の位置を規制し、それをデータムCとしている。

　天面の位置度は、共通データムA-BとデータムCを参照して設定する。

　なお本例の場合、データムAが複数形体に対して指定されているので、厳密には共通データムは(A-A)-Bと記述すべきかもしれない。

　簡単そうで難しいが、ここで、そもそもデータムの設定に苦慮するような形状に問題がある、と短絡的に結論付けない方がよい。

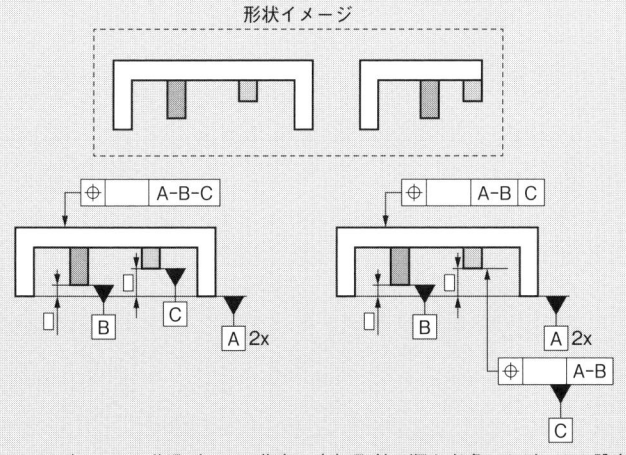

(a) 3つのデータムの共通データム化案　　(b) 取付け順を考慮したデータム設定

図3.23　共通データム指示

第 4 章

TED編
「誤差のない寸法とはなにか」

　幾何公差を使った図面には、公差記入枠やデータムのほかに特徴的な寸法指示方法がある。

　四角い枠で囲われたこの寸法は「理論的に正確な寸法（theoretically exact dimension）」と呼ばれ、一般にはその英語表記の頭文字をとって「TED」と略称されるが、ほかに、理論寸法や四角寸法などと呼ばれる場合もある（本書では以後、TEDの表記を用いる）。

　多くの設計者は、この寸法の正式名称より受ける印象から、誤差のない絶対的な寸法をイメージしがちであるが、幾何公差適用図面において、このTEDは単に誤差のない寸法値としての役割以外にも、いくつかの拡張的な用途を有している。

　JIS規格などでは、TEDに関する定義や用法について網羅的に解説している例が少ないため、本章ではこのTEDについて、定義や用法、注意点について図例を用いながら解説する。

　なお本文中の「形体」とは、面、エッジ、中心線など物体の形状を定義する幾何学的要素を指す用語である。

4.1 TEDの基本定義

部品などの実体の寸法には、CADや図面上の指示寸法、すなわち設計上の狙い値（設計中心値、規格値）に対して必ず誤差がある。

この誤差には、部品の加工上のばらつきと測定上のばらつきの大きく2種類がある。

● 4.1.1 理論的に正確であることの意味

図4.1に示すように、図面上で100 mmと指示された寸法の実測値（測定値）は、その狙い値の前後の、ある確率分布（一般には正規分布）に基づく範囲でばらつき、絶対に設計上の狙い値である100 mmちょうどにはならない。

より正確には、同図中の真の値自体が測定機の精度限界以上には厳密に測れないため、測定値には必ず誤差が伴う。

つまり、正確に100 mmのモノは作ることも測ることもできない。

さて、設計上の狙い値（上例の100 mmという値）のことを、JIS用語では図示サイズ（nominal size）と呼ぶ。

設計時は、この図示サイズを中心値とし、許容ばらつきを公差という形で与えることで、測定値が指定した公差内であれば、その寸法（指示された部位のサイズ）は設計目標値内にある、と解釈する。

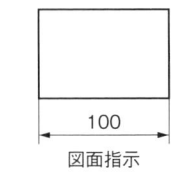

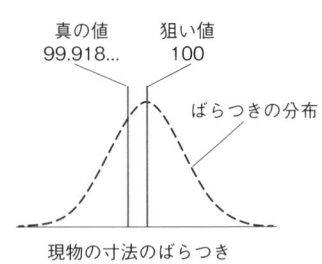

図4.1 狙い値と真の値

その意味で図示サイズは、公差を持たなければ、正に"理論的に正確な"寸法の一種であると考えてもよいかもしれない。

しかし、**図4.2**に示すように、図示サイズは必ず公差（許容差）とセットで用いられる。

公差の表記のない寸法値は、誤差がないのではなく、普通公差（JIS B0405）が適用されていると解釈される。

一方TEDは、**図4.3**に示すように、文字通り理論的に正確で、その数値自体

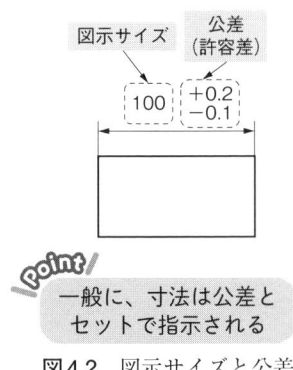

図**4.2**　図示サイズと公差

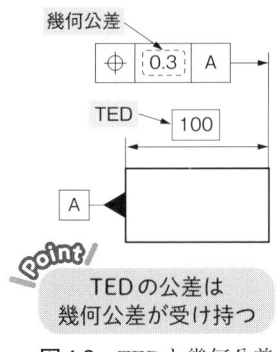

図**4.3**　TEDと幾何公差

に誤差は含まず、設計上許容する誤差は幾何公差の公差値によって与えられる。

　つまり、図示サイズとTEDの決定的な違いは、その値自体が公差値を伴うか、別の場所で公差値を持つかである。

　この違いを図面上で区別するために、TEDには四角枠が付されていると考えてもよい。

　TEDで指示された寸法値が理論的に正確であるとされるのは、CADや図面上の理想的な形状（後述のTEF）に対する寸法を指すからである。

　そして、その許容する誤差は幾何公差によって与える、というのがGD&T（幾何公差設計法）の基本的な考え方となる。

● 4.1.2　データムとの関係

　TEDは、理想的な形体に対する寸法指示であるため、その起点となる基準の面や線もまた、理想的な形体である必要がある。

　それに用いられるのが前章で紹介したデータムである。

　データムは仮想的な基準であるが、実際の基準形体であるデータム形体は、加工精度の影響により完全な平面や直線にはならないため、実測した座標データを用いた計算値や、定盤やマンドレルのような実用データム形体でこれを代用する。

　そして、形体間の距離寸法にTEDを用いる場合は、図4.3に示したように、TEDの一端にこのデータムを指定する。

　すなわち、データムを基準として、対象とする形体までの理想的な位置を指定するのが、TEDの基本的な役割となる。

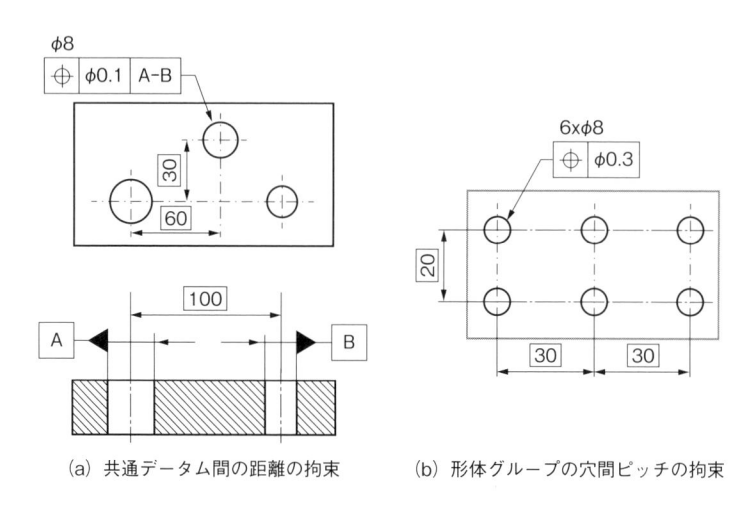

(a) 共通データム間の距離の拘束　　　(b) 形体グループの穴間ピッチの拘束

図4.4　TEDの特別な使い方の例

　ただし、2つのデータム間の距離をTEDで指示したり、例外的にデータムを参照しないTEDの使い方もある。

　図4.4にその一例を示す。

　同図(a)は、前章で解説した共通データムの使用例となるが、2つの穴の中心線に個別に指定された、データム軸直線間の距離をTEDで指示しており（同図下）、これにより穴の相対的な位置（ピッチ）を拘束している。

　同図(b)は、形体グループを構成する6つの穴の中心線間のピッチのみをTEDの対象とする場合で、この形体グループは穴間ピッチを指定公差内（本例では $\phi 0.3$ の円筒公差域）で維持した状態で、加工物（穴の周囲の角型の形状）内に配置されることを指示している。

　なおこの表記方法は、穴の形体グループが加工物の上下左右対称の位置関係にある場合にのみ適用される（ISO5458参照）。

● 4.1.3　幾何公差との関係

　前述したように、TEDは基本的に、データムを基準とした対象形体までの理想的な位置（距離または角度）を表す。

　そして、TEDに許容する誤差は、**図4.5**に例示するように、対象形体に指示した幾何公差によって与える。

　幾何公差がTEDを参照するケースは限られており、**表4.1**に示すように、姿

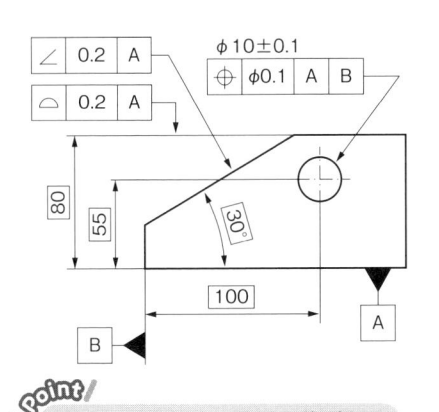

表4.1　TEDを参照する幾何公差

規制の種類	公差の名称	記号
姿勢偏差	傾斜度	∠
位置偏差	位置度	⊕
	線/面の輪郭度	⌒, ⌓

Point!
TEDを必要とする幾何公差がある

図4.5　TEDと幾何公差の関係

勢偏差と位置偏差を規制する一部の幾何公差がそれに該当する。

　幾何公差のうち、姿勢偏差を規制する傾斜度が、また位置偏差を規制する位置度と線/面の輪郭度が、TEDを参照する。

● 4.1.4　暗黙的な TED

　表4.1を見ると、姿勢公差の平行度と直角度および位置公差の同軸度/同心度と対称度はTEDを参照しない。

　これは、平行度と直角度がそれぞれ0°と90°の、また同軸度/同心度と対称度が、各々中心線や中心面間の距離ゼロの、暗黙的なTED（implicit TED）を持っている、と考えれば、これらは全て図示されないTEDを参照していると解釈できる（**図4.6**）。

　暗黙的なTEDは、距離0 mmおよび角度0°/180°と90°/270°のTEDを指す（ISO5458:2018）が、これは従来図面において、直交しているように描かれた直線同士の角度が90°であることや、同一直線上にあるように描かれた直線同

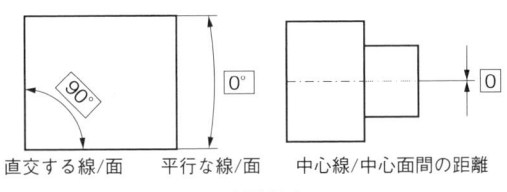

図4.6　暗黙的な TED

士の相対距離がゼロであるという暗黙の解釈と全く同じものである。

　以上TEDの基本定義について解説したが、ISOでは、理想的な寸法に対するTEDと同様に、理想的な形状に対するTEF（理論的に正確な形体：Theoretically Exact Feature）という用語も定義されている。

　これは、CADデータのような理想的で狂いのない形体に対して用いられるが、その理想形体の寸法を定義するのがTEDである。

　さてTEDには、上述した幾何公差による形体定義上の理想的な寸法の指示という本質的な使い方のほかに、特殊な使い方もあるため次節で紹介する。

4.2　TEDのその他の用法

　以下に紹介するTEDのその他の用法については、本書執筆時点でJISの規格番号によって図例が統一されていない、という状況があるが、今後該当するISO（ISO5459:2011）の記載例に則って改定されていくことを念頭に解説する。

● 4.2.1　データムターゲットとの併用

　第3章で解説したデータムターゲットは、記号の配置に加えてその位置情報も明示する必要がある。

　図4.7にデータムターゲットの位置を指定するための寸法表記方法を示す。

　同図に示すように、データムターゲットに関連する寸法は全てTEDにする。

　なぜ、データムターゲットの位置を理論的に正確な寸法値とするのか、誰しも疑問に感じるかもしれないが、それについては次のように考えるとよい。

　「データムターゲットを指定した箇所は、治工具を製作する際の目標であり、一般には対象部品上に物理的にけがき線などの目印（実体）があるわけではない」

　したがって、実体のない箇所、つまり測定できない箇所に通常の寸法指示をするのは相応しくない。

　また、これを参考寸法（括弧寸法）にすることも考えられるが、参考寸法は測定や管理の必要のない寸法であるため、治工具の製作精度に対する指示としてはあいまいとなる。

　TEDを用いるのは、治工具製作にあたって、できるだけその寸法値を狙って

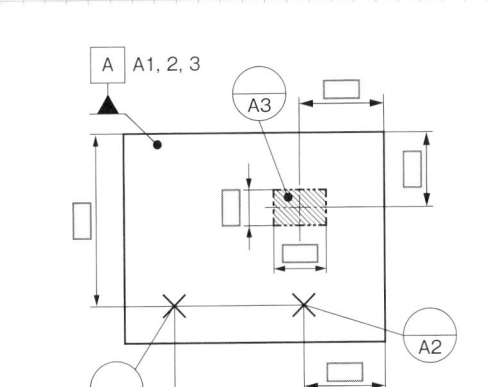

データムターゲットの位置寸法はTEDにする

図4.7　データムターゲット位置の指定

（必要であれば極限まで）精度よく加工することを要求するためである。

　ただし、データムを設定する場所に、実際にけがき線やわずかな凸部を設けるなど、明らかな実形体が存在している場合は、その箇所にデータムターゲットではなく通常の寸法指示（または、必要に応じてTEDと幾何公差指示の組合せ）を行う。

● 4.2.2　範囲指定との併用

　TEDのもう1つの特殊な使用例に、範囲指定への使用がある。

　図4.8に、範囲指定でのTEDの使用例に関する、JIS（B0420-1など）やISOでの図例の一部を示す。

　これら形体のサイズや幾何公差の指定とは別に、仕上げ面や後処理面（例：高周波焼入れ面）など形体の限定した部分に、範囲を指定するための指示をする場合がある。

　従来は、この範囲指定時に通常の寸法指示を用いていたが、最近の規格では、TEDで与える方法に切り替わっている。

　通常このような表面処理は、部品の加工工程（旋削、切削など）とは別の工程で実施され、専用の治工具や処理装置が用いられることが多い。

　そのため、それら治工具の設計値や装置の設定値について、精度の目安（狙い値）として図面上に記載する方が適切であり、通常の寸法ではなく、幾何学

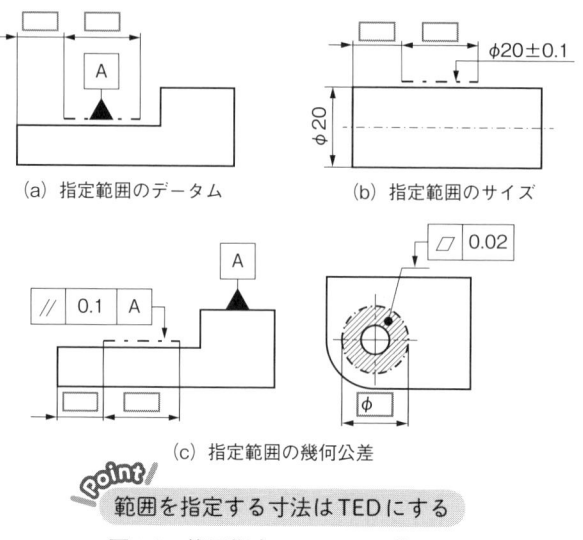

(a) 指定範囲のデータム　　(b) 指定範囲のサイズ

(c) 指定範囲の幾何公差

範囲を指定する寸法はTEDにする

図4.8　範囲指定でのTEDの使用例

的な位置の指定のためにTEDを用いるようになっていると考えられる。

　つまり、範囲指定時のTEDの使用もまた、前述のデータムターゲットの位置
指定の場合と同様な考え方に基づいていると言える。

　なお、表面処理の範囲の位置精度が、その部品の機能を満たすための必須要
件である場合は、当然通常のサイズ公差または幾何公差をともなった方法で指
示し、検査時には必ずその箇所の測定を実施、記録することになる。

4.3　ISO規格によるTEDの定義

　最後に、参考までに、ISO1101:2017に規定されているTEDに関する記述の
一部を、筆者の注釈と共に紹介しておく。

　「TEDは以下を定義するために使用される」
（1）形体の図示形状と寸法（呼び寸法）
　　※注1：図示形状（nominal shape）とは、CADや図面上の完全形状を指す
（2）理論的に正確な形体（TEF）の定義
（3）限定された公差付き形体を含む、形体の一部分の位置と寸法
　　※注2：公差付き形体とは、幾何公差で指示された形体を指す（JIS Z8114）

※注3：限定された公差付き形体（restricted toleranced feature）とは、本章で解説した範囲指定された公差付き形体のことを指す

(4) 突出公差付き形体の長さ

※注4：突出公差付き形体（projected toleranced feature）に関しては、第6章で解説する

(5) 2つ以上の公差域の、相対的な位置と姿勢

(6) 可動データムターゲットを含むデータムターゲットの、相対的な位置と姿勢

※注5：可動データムターゲット（moveable datum target）とは、記号が指示した方向に移動させて、データムを設定（確立）するための特殊なデータムターゲットである

(7) データムおよびデータム系に対する、公差域の位置と姿勢

(8) 公差域の幅の方向

※注6：(5)、(6)、(7)、(8)については、本章で解説したTEDの特別な使い方の例が該当する

まとめ

　TEDは、理想的な形体に対する、誤差を持たない理論的に正確な寸法であり、それに対して設計上許容する誤差は、幾何公差によって与えられる。

　またTEDは、加工や検査のための治工具の設計値や装置の設定値の、精度の狙い値を与える、という用途も併せ持つ。

　次章では、相手部品とのスムースな嵌合や安定した位置合せを実現するうえで、有用な付加指示方法となるCZ（共通公差域）について、事例を交えて解説する。

ドンピシャの寸法

　長さの単位のメートルは、以前は白金とイリジウムの合金で作られた
メートル原器で定義されていた。

　しかし、物質は経時変化を起こすため、長さの基準とするには不適切で
あることから、1960年に国際的に定義が変更された。

　現在の1mは、光速（299,792,458 m/s）から導き出された値である。

　ただし、この光速自体は定義値であり、定義するために用いられている
のがメートル原器で決めてあった1mの長さなのであろう。

　さらに、光速の基となっている1秒の長さは、セシウム133のとある振動
数（9,192,631,770回）から割り出された定義値である（1967年に決定）。

　つまり、1mの長さは定義された値どうしを使った何とも不思議な量で
はある。

　これらの定義値を見ると小数点以下の数値がないが、それはそのように
定義された値だからである。

　さて、仮にこの定義値を基に1mちょうどの物差しを作ったとしよう。

　その長さが本当に1mちょうどなのかどうかは、測らないとわからないが、
その測定データが1mの定義値とぴったり一致しているかどうかを、検証
する術がない。

　なぜなら、測定機には精度の限界があるからである。

　つまり、その物差しはおおむね1mでできているだけで、測定機の精度を
超えた誤差を必ず含むということである。

第5章

付加記号編（その1）
「共通公差域で組立意図を伝える」

　幾何公差には、公差の定義や解釈を拡張または補完するための付加記号（additional symbol）がある。

　これは、対象部品の構造の複雑さとは関係なく、その部品の使い方に関する設計上の重要な情報、すなわち設計意図をより詳細に幾何公差図面に盛り込むために用意されている。

　その中に、特に公差域を制御するための、指定記号（specification element）と呼ばれる記号群がある。

　指定記号は、JIS上では5種類ほどだが、ISOでは細かな指示記号も含め30種類以上が規定されている。

　ただ、その全てを理解し使いこなすのは容易ではなく、また多種多様の記号が追記された図面は、かえって設計意図の伝達を複雑なものにしかねないため、重要かつ有意なものを選択して使用した方がよいであろう。

　本章では、はじめにこの指定記号の概要について簡単に紹介したあとで、その中でも特に設計での適用価値の高い「共通公差域」の定義や用法、注意点について図例を用いながら解説する。

5.1 指定記号の概要

指定記号は、幾何公差の公差域を補完的に再定義するために用いられる。

幾何公差は基本的に、指定した幅の公差域内に形体が収まることのみを要求するが、指定記号を用いることで、この「収まり方」を制御すると考えてもよい。

● 5.1.1 指定記号の記入

図5.1に、指定記号の記入場所を示す。

指定記号は通常、幾何公差の公差記入枠（tolerance indicator）の左から2番目の枠に、公差値に続けて記入するが、記号の種類（用途）によっては、データムに付加される場合もある（例えば、最大実体公差方式でのデータムへの⑩指示（第8章参照））。

● 5.1.2 指定記号の種類

表5.1に、ISO（1101:2017）から引用した、主な幾何公差用の指定記号の一

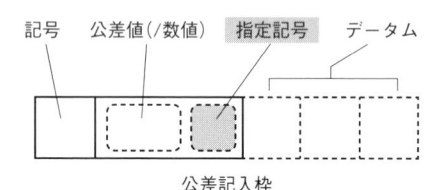

図5.1 指定記号の記入場所

表5.1 指定記号の種類（抜粋）

Tolerance zone（公差域）			Toleranced feature（公差付き形体）		Characteristic（特性）	Material condition（実体条件）	State（状態）
CZ	UZ	OZ	Ⓒ	Ⓐ	C CE CI	Ⓜ	Ⓕ
SZ		VA	Ⓖ	Ⓟ	G GE GI	Ⓛ	
		><	Ⓧ		X	Ⓡ	
			Ⓝ		N		
			Ⓣ				

（形状公差に適用）

覧の抜粋を示す。

　冒頭で述べたように、ISOでは指定記号として多くの記号が定義されているが、JIS（B0021：1998）では同表で網掛けした5種類だけが規定されている。

　JISでの記号の種類が少ない理由は、当該JISが参照しているISO規格の制定年次がかなり古いこともあるが、ISO自体が形体の表面性状まで考慮した厳密な形体定義を行う方向性にあることも一因している。

　そのため、この指定記号定義の領域では、現状、両規格内容にやや大きな乖離が見られる。

　形体の形状、姿勢、位置、振れの各偏差に対する厳格な定義までは必要としない、一般的な幾何公差図面においては、JIS規定の5種類でも十分設計意図は補完できると考えられるが、それ以外のISO規定の中には有用なものもいくつかあるため、それらについては第7章で改めて解説する。

　ここで、JISで規定されている5種類の指定記号の意味について、簡単にまとめておく（下記で、公差域とは幾何公差の公差域を指す）。

(1) CZ（common zone）：共通公差域
　　指示された複数の形体に、共通の公差域を設定

(2) Ⓟ（projected tolerance zone）：突出公差域
　　指示された実形体を拡張して公差域を設定

(3) Ⓜ（maximum material requirement）：最大実体公差方式
　　公差域に最大実体公差方式を適用

(4) Ⓛ（least material requirement）：最小実体公差方式
　　公差域に最小実体公差方式を適用

(5) Ⓕ（free state condition）：自由状態
　　非剛性部品に対して、自由状態（無拘束状態）の場合の公差域を設定

以降では、この指定記号の中でも実図面での使用頻度が高い、同表中の太枠線で囲ったCZ（共通公差域）をとりあげ、事例を挙げながら解説する。

5.2　共通公差域（CZ）

　共通公差域（common zone）は記号CZで表される。
　複数の形体の公差域を、1つにまとめて評価することを指示する記号である。

● 5.2.1 共通公差域の意味と使用例

図5.2に、分割面を持つ部品に、個別に平面度を指示した図例とその解釈を示す。

同図(a)のように、1つの公差記入枠から3つの面に指示線を与えた場合は、各面に個別の平面度が指定されていることと同義である。

その解釈は同図(b)に示すように、各面は独立に幅0.1の公差域を持ち、それらの面は各々の公差域内で任意の凹凸や傾きを持ち得るということになる。

一方、**図5.3**は、同形状の部品に対してCZ付きの平面度を指示した例である。CZは共通公差域を指示する指定記号で、図示上は同図(a)のように、公差値0.1の後ろにCZが追加されただけであるが、同図(b)に示すように、平面度が指示された3つの面が、幅0.1の公差域を共有している点が図5.2(b)と異なる。

各面はこの共通の公差域内での凹凸や傾きが許容される。

● 5.2.2 共通公差域の設計意図

共通公差域を指定した場合の設計意図の例を**図5.4**に示す。

図中の対象部品の上面にCZが指示されているため、設計的にはこれらの面に相手部品が、がたつきなく安定して取り付くことを要求している。

実際の設計においても、広い面全体を相手部品に接触させるような構造をと

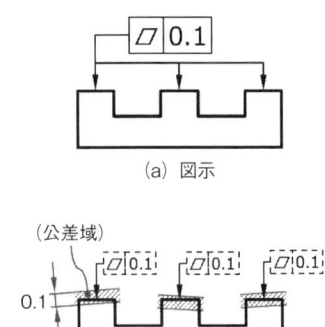

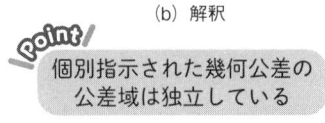

図5.2　分割面への平面度指示

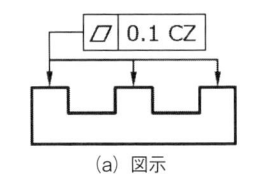

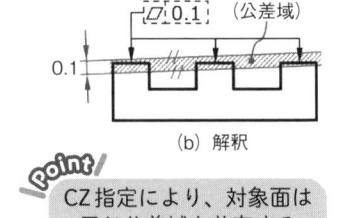

図5.3　分割面へのCZ付き平面度指示

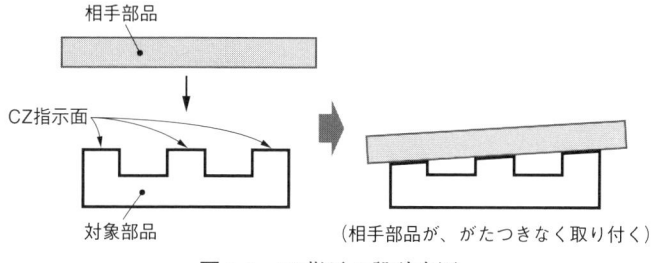

図5.4 CZ指示の設計意図

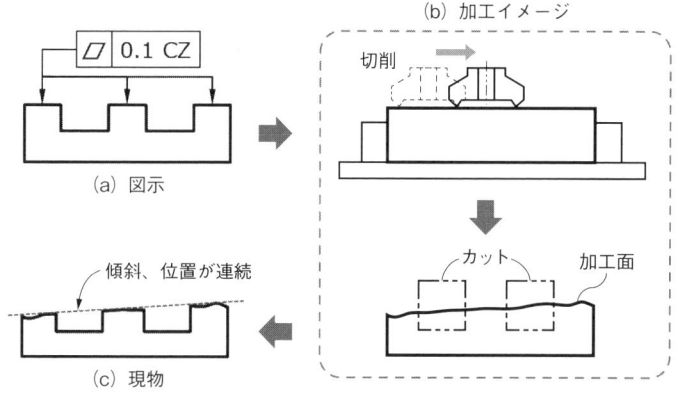

図5.5 CZ指示面の加工イメージ

ることはむしろまれであり、ねじ締結部や接着、溶接部近傍の限定された箇所が相手部品と接触するように、形状を工夫することが多い。

そのような箇所に、共通公差域を指定しておけば、部品加工時の段取りや工程が配慮されることになる。

図5.5にCZ指示面の加工イメージを示す。

同図(a)のCZ指示図を基にした加工のイメージは、同図(b)に示すようなものである（なお、実際にこのような段取りで加工をするかどうかは、加工側次第である）。

同図(b)は、元々単一の面を持つワークピースの上面の切削加工後に、不要部分をカットして分割面を形成する様子を示したもので、現物（加工上がり品）の分割面は同図(c)に示すように、各々の傾斜や位置が連続したものとなるはずである。

つまり、CZ指示をされた面は、元が単一の面であったかのような幾何特性を有することが要求されていることになる。

言い換えれば、CZ指示は複数形体の幾何特性を、同時に制限することを意味する。

もしCZ指示がない場合は、加工上も独立した面として扱われ、図5.4に示したような設計意図の通りには仕上がらない可能性もある。

● 5.2.3 その他のCZ指示例

JISに記載されているCZ指示例は、平面度に適用した図例（B0021:1998）、くさび形体の傾斜度や輪郭度に適用した図例（B0615-2:2017、B0420-3:2020）があるが、それ以外の幾何公差についてもCZを適用することは可能である。

図5.6と**図5.7**に、その他のCZ指示例とその解釈を示す。

図5.6(a)は平行度に用いた場合で、公差域がデータム面と平行である点が平面度と異なる（平面度は、公差域の上下限線が相互に平行であることのみが要件であることに注意（図5.3(b)参照））。

同図(b)は位置度に用いた場合で、公差域がデータムからTEDで指定された距離を中心として、上下0.05ずつ均等に設定されている点が平行度と異なる（平行度は、公差域がデータムと平行であることのみが要件）。

なお図中に示すように、位置度は輪郭度に置き換え可能である。

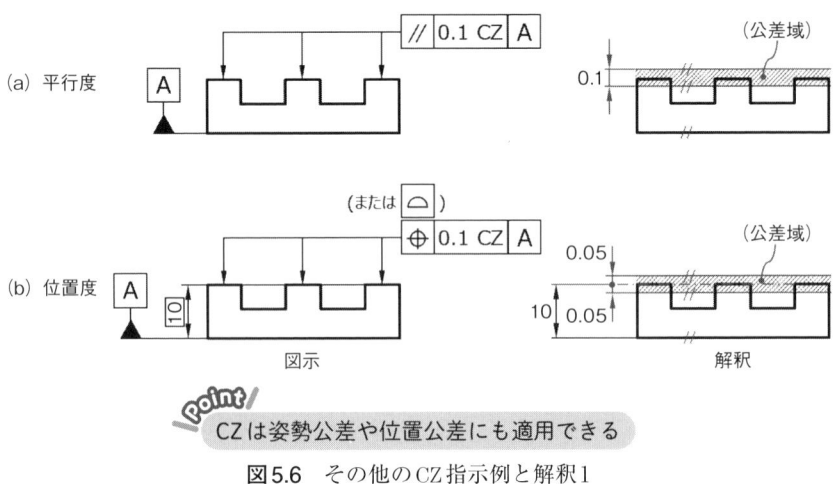

図5.6　その他のCZ指示例と解釈1

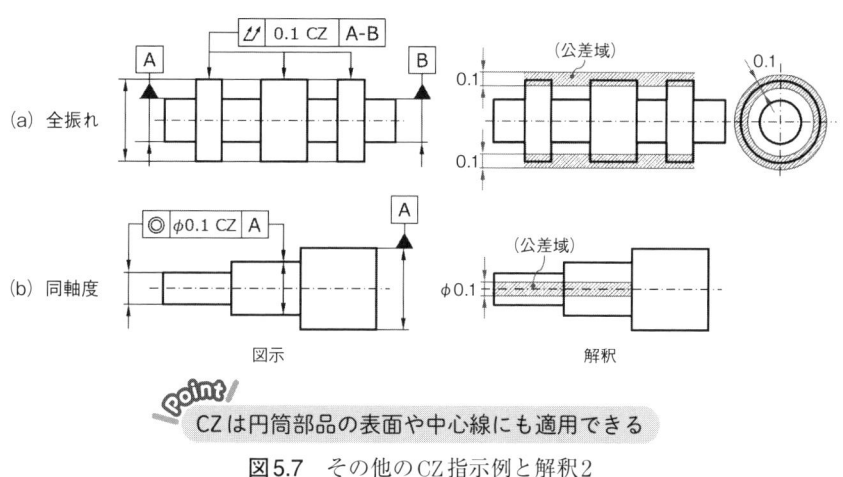

Point

CZは円筒部品の表面や中心線にも適用できる

図5.7　その他のCZ指示例と解釈2

　図5.7(a)は同径の段付き軸への全振れに用いた場合で、3つの大径の円筒表面の全振れが、同心円で挟まれた幅0.1の公差域を共有している。

　同図(b)は径の異なる段付き軸への同軸度に用いた場合で、左と中央の2つの円筒の中心線が、ϕ0.1の円筒公差域を共有している。

　いずれの例も、共通公差域の中で、幾何公差を指示された複数形体の面や中心線の位置や傾きが連続していることが、要求されていることに留意する。

●5.2.4　CZ指定の解釈

　ISO（1101：2017）によれば、CZ指示された形体間では、明示的あるいは暗黙的なTED（第4章参照）により位置や姿勢が拘束されている、と解釈する。

　図5.8は、前出の図例に対して上述の解釈を追記したものである。

　CZ付き公差が指示された複数の平面（同図(a)）や中心線（同図(b)）は、それらの位置や姿勢が、大きさゼロの暗黙的なTEDによって相互に制限される。

　これはつまり、各形体が同期して位置や姿勢を共有している、すなわち単一の形体であるかのように振る舞うということを意味している。

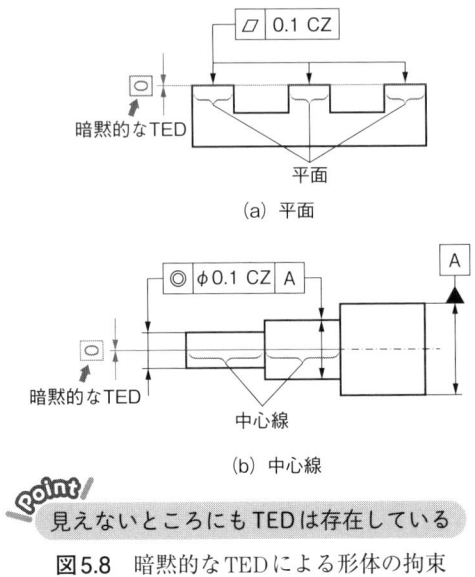

(a) 平面

(b) 中心線

図5.8 暗黙的なTEDによる形体の拘束

5.3 非同一平面への共通公差域指示

JISでのCZの解説は、くさび形体を除けば、同一平面上にある分割面（複数の形体）に対しての用法の事例がほとんどであったが、ISO（1101:2017、5458:2018）では定義を拡張し、位置の異なった面に対しても指示できることになっている（これに伴い、CZはcommon zoneからcombined zoneに呼称変更されている）。

● 5.3.1 平行2平面への適用例

図5.9上に、拡張されたCZ指示例を示す。

高さの異なる2面に対してCZ付きの輪郭度が指示され、その2面の間の距離にTEDが与えられている。

このTEDは前述した明示的なTEDで、2つの面はこのTEDだけ離れた幅0.1の公差域を共有している。

CZ指示があるため、2つの面は同期して位置や姿勢が拘束される。

実設計においても、このような部品形状の例は多いが、相手部品への取り付けの安定性を意図する場合には、このCZ指示方法は有用である。

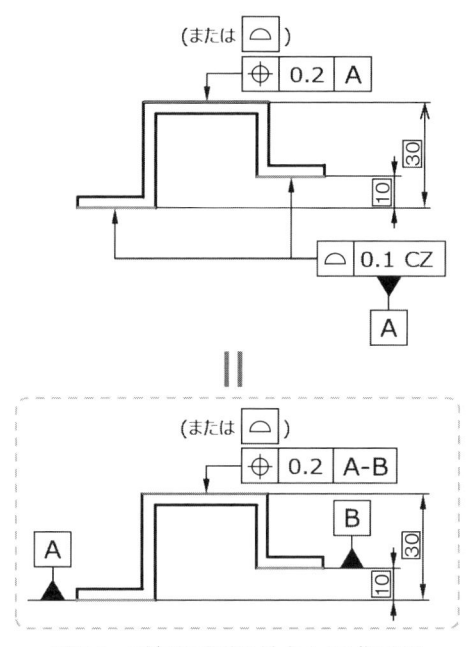

図5.9　平行2平面に対するCZ指示例

　なお参考のため同図下に、似たような意味を持つ別の表記方法も示してある。この例では、高さ違いの面にそれぞれデータムを設定し、それらを共通データム（第3章参照）として上面の位置度が参照している。

　どちらの例も、上側の位置度を指示した面の位置偏差を、下側の高さ違いの2面がそれらの間に優先順位を付けずに規制している点では同じである。

● 5.3.2　くさび形体への適用例

　図5.10に、くさび形の形体に対するCZ指示例を示す（本図例はJIS B0420-3を参考にしたもの）。

　輪郭度は、底面と斜面の全領域を範囲指定（太い一点鎖線）した上で指示されている。

　同図(a)はCZ指示のない場合で、底面と斜面は各々独立して、斜線で示した輪郭度公差域内で形状や姿勢の変化が許容される。

　従って、2つの面は別々の工程で加工されてもよい。

　一方、同図(b)のようにCZ指示がある場合は、2つの面は同期して公差域内

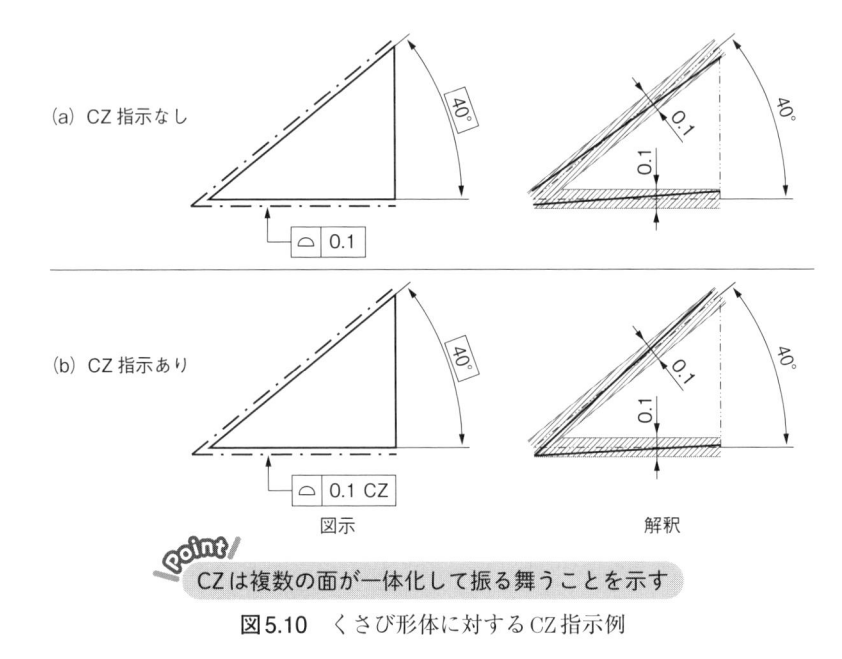

(a) CZ 指示なし

40°

0.1

0.1

△ 0.1

(b) CZ 指示あり

40°

0.1

0.1

△ 0.1 CZ

図示　　　　　　　　　　解釈

Point!

CZ は複数の面が一体化して振る舞うことを示す

図5.10　くさび形体に対するCZ指示例

で姿勢が変化することが要求される。

　そのため、加工は単一の工程で同時に実施されることが望ましい。

5.4　連続サイズ形体の公差（CT）

　CZは幾何公差と共に使用されるが、サイズ公差に対しても同様な共通公差域を指示する指定条件記号があるため紹介する。

　サイズ公差指示された複数の形体に対して、それらが共通の公差域を有することを指示する記号としてCT（common feature of size tolerance：連続サイズ形体の公差）が定義されている。

● 5.4.1　円筒形体への適用例

　図5.11に円筒形体に対するCT指定の例を示す。

　図中、丸囲みのGNの記号は、直径サイズに最小外接サイズを要求する指定条件（第7章）を、またⒺは包絡の条件を適用する指定記号（第2章）である（相手部品とのはめあいを考慮する必要のある部位には、このような付加記号

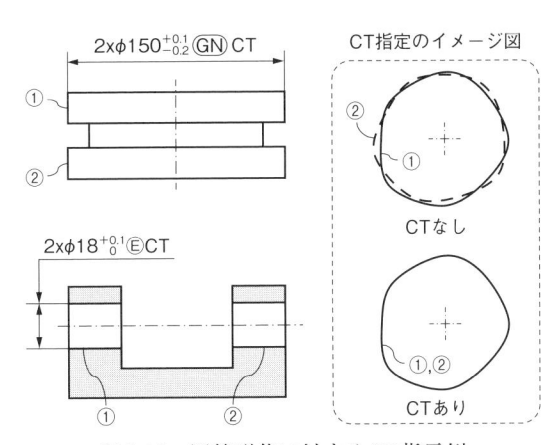

図5.11 円筒形体に対するCT指示例

を用いるのがよい）。

　CT指定は複数のサイズ形体に対して一括指示するものなので、同図例に示すように、対象とするサイズ形体（この例では円筒面）の個数指示（2×など）と必ずペアで使用される。

　CT指定のない場合は、通常の公差指定であり、2つの円筒形状の直径サイズは、サイズ公差内で各々独立してばらつくことを許容している。

　一方、CT指定がある場合は、これらの円筒形体に対して相手部品がはめあい関係で挿入されることを意図しており、直径サイズのばらつきは同期している（サイズが同じ方向にばらつく）ことが条件となる。

　参考のため同図右に、CT指定の有無による2つの円筒サイズのばらつきの違いのイメージを示した。

　図5.7(b)の図例では、円筒形状に対するCZ指定は、中心線（誘導形体）の円筒公差域を複数の円筒形体が共有することを指示しているが、円筒面そのもの（外殻形体）の直径サイズのばらつき方向を規制する方法の1つとして、上記CT指定の利用がある。

　したがって、同軸の複数の穴と軸などのはめあい構造となる場合は、厳密には形体の中心線と表面の両方に対して公差域の共有を指示する方がよいが、必要以上に精度を要求した過剰な形体定義は、製品設計としてはコスト増にもつながるため、機能要件に応じた適切な公差指示を選択することも重要である。

　なお回転軸であれば、図5.7(a)に例示したように、CZ付きの振れ公差指定の

適用を検討した方がよい。

● 5.4.2　円すい形体への適用例

図5.12に、円すい形体に対するCT指定の例を示す（本図例はJIS B0420-3を参考にしたもの）。

この部品は、同じ頂角を持つ大小2つの円すい台を持っている。

同図(a)はCT指定のない場合で、2つの円すい台の側面は各々独立して指定角度公差内に入っていればよい。

従って、両円すい台は別々の工程で加工が可能であり、極端なケースでは、斜線をつけた溝部を境に別々の部品として加工し、最後に一体化させても（角度公差内に入る限り）構わない。

一方、同図(b)のようにCT指定がある場合は、両円すい台の側面の角度のばらつきは、一方が大きくなれば他方も大きくなるというように、同期していることが要求されている。

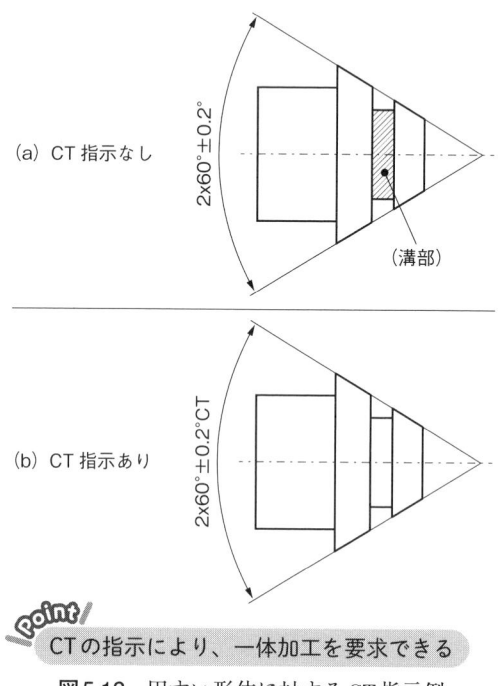

CTの指示により、一体加工を要求できる

図5.12　円すい形体に対するCT指示例

そのため、加工は単一の工程で実施されることが望ましい。

まとめ

　付加記号は、幾何公差の定義や解釈を拡張または補完するために用意された記号である。

　その中で、一般の設計図面で比較的多く使用される指定記号にCZ（共通公差域）がある。

　CZは、複数の形体に対して共通の公差域を設定することで、分割された面や中心線に対して公差域内でのばらつきを同期させ、1つのまとまった形体として振る舞うことを指示できる。

　そのため、部品同士の安定した取付けやはめあいを実現させる、という設計意図が表現可能である。

　次章では、JISやISOで規定されているその他の指定記号から、やや特殊ではあるが、実際の使用状態を反映した公差域制御を行うものを取り上げて解説する。

共通公差域

　筆者が開設している、折川技術士事務所のホームページ（https://opeo.jp）にアクセスする方が用いる検索キーワードで、最も多いのが「共通公差域（CZ）」である。

　それほど、この概念がわかりにくいことの表れと思われる。

　JIS（B0024, B0420-2/3, B0615）を見ると、共通公差域（CZ）で指示する、という文言はあるが、そもそもCZとは何であるかのていねいな説明がどこにもない。

　言葉から類推すればわかるであろう、とのことなのかもしれないが、別々の場所にある面が同じ公差域を持っていると言われても、それが何を意味するのか、何に役立つのかわかりにくい。

　本章では、規格書ではあまり詳しく解説されていない共通公差域について、その狙いと利点について具体例を挙げて紹介している。

　相手部品との組合せを考える上で、複数の面が同じ大きさの公差域の中で同期して位置が変化することを、この共通公差域を使って明確に指示できるため、幾何公差の指定記号の中でも最も実用的なメリットのあるものである。

第 6 章

付加記号編（その2）「実際の使用状態を反映する」

　第5章で解説した共通公差域（記号CZ）は、実設計において使用頻度の高い指定記号の1つであるが、そのほかにも設計意図を伝えるために、幾何公差指示を補完する指定記号がある。

　一般に部品設計では、部品図（Part図）と組図（Assy図）の両方を作成するが、個々の部品が製品に組み込まれた状態がどのようであるかは、組図やCADで確認する必要がある。

　しかし指定記号の中には、部品図段階で使用状態を指示、伝達するために用意されているものがある。

　本章では、そのような用途のための指定記号をピックアップし、定義や用法、注意点について図例を用いながら解説する。

6.1　対象とする指定記号

表6.1にISO（1101:2017）で規定されている幾何公差用の指定記号（Specification element）の一覧の抜粋を再掲する。

JISで規定されているのはこの中の5種類（網掛け部）で、第5章ではCZ（共通公差域）をとりあげたが、本章では少し特殊な指示方法である、同表中の太枠線で囲った Ⓟ（突出公差域）と Ⓕ（自由状態）について解説する。

指定記号の多くは、実形体を測定して得られた形体（測得形体：extracted feature）に完全形状（平面や円筒など）を当てはめた形体（当てはめ形体：associated feature）と、元となる設計形状（図示形体：nominal feature）との誤差を規制するものである。

しかし Ⓟ や Ⓕ は、いずれも、相手部品と組み合わさった状態を想定した指示方法に類するものである点に特徴がある。

表6.1　指定記号の種類（抜粋）

Tolerance zone（公差域）			Toleranced feature（公差付き形体）		Characteristic（特性）	Material condition（実体条件）	State（状態）
CZ	UZ	OZ	Ⓒ	Ⓐ	C CE CI	Ⓜ	Ⓕ
SZ		VA	Ⓖ	Ⓟ	G GE GI	Ⓛ	
		><	Ⓧ		X	Ⓡ	
			Ⓝ		N		
			Ⓣ				

（形状公差に適用）

6.2　突出公差域Ⓟ

突出公差域（projected tolerance zone）はJIS B0029:2000（ISO 10578）で規格化され、記号Ⓟで表される。

通常の公差域は、部品の表面形体（外殻形体（integral feature））や中心線/面（誘導形体（derived feature））に対して設定されるが、突出公差域は、形体の外側の仮想的な空間上の中心線/面に設定される点が異なる。

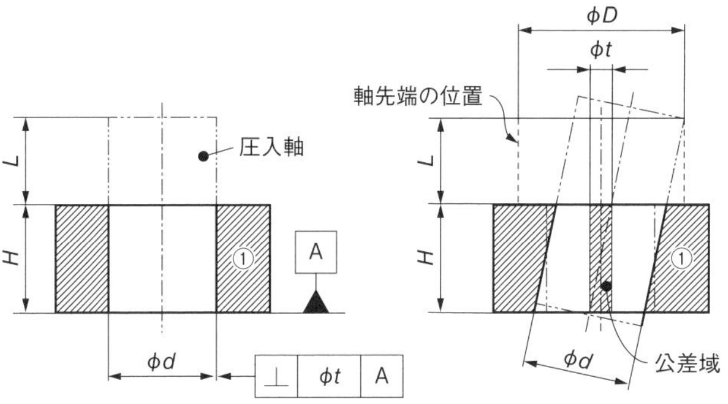

(a) 軸が圧入される部品　　　(b) 公差範囲で穴が傾いた状態

図6.1　圧入軸先端の倒れ

6.2.1　軸先端の倒れ

図6.1に、圧入軸先端の倒れの例を示す。

同図(a)の部品①は、軸が圧入される穴を持った部品である。

ここで、Hを圧入長さ、Lを圧入軸の突出長さとする。

穴の中心線には、ϕtの円筒公差域を指定した直角度が指示されている。

同図(b)は、この穴の中心線が円筒公差域内で最大に傾いた状態を示しており、この穴に圧入された軸の突出側先端部がとり得る最大占有範囲は、図中の記号を用いると次式で求められる。

$$D = d + \left(1 + \frac{2L}{H}\right)t \tag{1}$$

ただし、式(1)は公差域の大きさが、穴径に対して十分小さいとした場合の近似式である。

6.2.2　突出公差域の定義と使用方法

図6.2に示すようなはめあい部品を考えてみる。

部品①に部品③が圧入され、部品②が直上から挿入される構造で、設計要件として、部品②の穴ははめあいが成立する必要最小限の直径としたいとする。

図6.3は、この部品①に対して、幾何公差を用いて中心線の傾き規制を行った図示例である。

同図(a)は、通常の指示例で、穴の円筒形体の中心線に対して直角度を指示している。

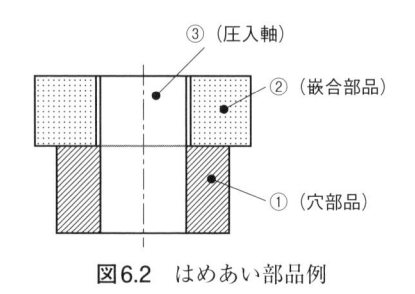

図6.2　はめあい部品例

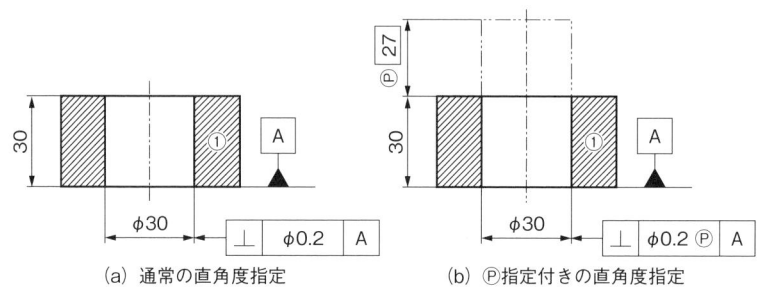

(a) 通常の直角度指定　　　　　(b) Ⓟ指定付きの直角度指定

図6.3　穴の中心線の傾き規制

　同図(b)は、直角度公差 $\phi0.2$ に、突出公差域を示す指定記号Ⓟを追加し、さらに圧入軸の突出範囲を細い二点鎖線で図示した上で、その突出長さ寸法値の前にⓅを付加したものである。

　なお、突出長さ寸法を四角枠で囲んでTEDとしているが、これはISOの記述ルールに則ったもので、現状のJISではTEDではなく、公差なしの寸法値（本例では、Ⓟ27）になっている。

　図6.4は、図6.3の指示例での公差域の解釈の違いを示したものである。

　同図(a)は、Ⓟ指定のない通常の指示の場合で、圧入された軸（同図2点鎖線指示）の先端部の最大占有範囲は、式(1)に図6.3の数値（$d=30, L=27, H=30, t=0.2$）を代入して、

$$D = 30 + \left(1 + \frac{2 \times 27}{30}\right) \times 0.2 = 30.56 \tag{2}$$

と求まる（数値例は、JIS B 0029：2000の参考図より引用）。

　なお圧入軸の直径は、部品①の穴径と同じと考える。

　一方、同図(b)のⓅ指定のある場合の最大占有範囲は、圧入軸の直径寸法に直角度公差値を加算して近似的に次式、

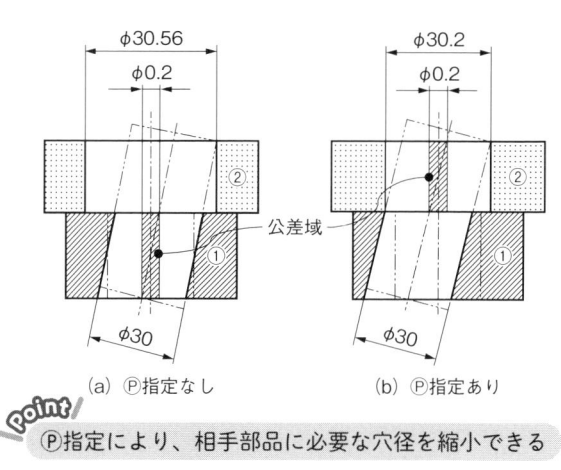

(a)　Ⓟ指定なし　　　　　(b)　Ⓟ指定あり

Ⓟ指定により、相手部品に必要な穴径を縮小できる

図6.4　突出公差域の解釈

$$D = d + t \tag{3}$$

で求まるため、この式(3)に図6.3の数値を代入して、

$$D = 30 + 0.2 = 30.2 \tag{4}$$

と求まる。

　両部品の嵌合が問題なく成立するためには、相手部品②側の最小穴径が、式(2)または式(4)の値と同等であることが条件となる（図6.4には式(2)および式(4)で求めた部品②の穴直径寸法も記入してある）。

　したがって、部品①の穴の中心線の最大傾きを考慮すると、Ⓟ指定のない場合はある場合と比べ、部品②の穴径はかなり大きくする必要のあることがわかる。

　しかもこの穴径は、式(1)によれば、圧入軸の突出長さLが長いほど大きくなる。

　つまり、最悪状態まで考慮すると、組立て状態でがたつきが多いか、逆にクリアランス不足で組立てできないような設計となる問題が生じる。

　突出公差域の使用は、このような問題に対して、穴と軸との適正なクリアランスを設定して対処するために有効となるものである。

● 6.2.3　両部品の公差域を考慮した式

　式(1)や式(3)では、部品②の穴の姿勢偏差は考慮に入れていないが、これを考慮する場合は、両式とも右辺に穴の直角度公差の値を加算すればよい。

図6.5に、両部品の公差域を考慮した例を示す。

部品①側の穴の直角度公差を ϕt_1、部品②側を ϕt_2 とすると、突出公差域を考慮しない式(1)は、

$$D = d + \left(1 + \frac{2L}{H}\right)t_1 + t_2 \tag{5}$$

と書き換えられ、突出公差域を考慮した式(3)は、

$$D = d + t_1 + t_2 \tag{6}$$

と書き換えられる。

両式からも明らかなように、突出公差域を考慮しない場合の穴径 D は、L がゼロでない限り t_1 の係数が1より大きいため、突出公差域を考慮した場合より必ず大きくなる。

実設計においては、突出公差域の使用の有無に応じて式(5)あるいは式(6)を使い分け、両部品に適切に直角度公差を割り当てることになる。

一般に、部品①側にボルトなどのねじ部品が挿入される構造の場合、ねじ穴の中心位置が単純穴より精度を出しにくいため、その直角度公差 t_1 は大きくとれた方が望ましい。

しかし式(5)によれば、部品②の穴径 D の決定に際し、部品①の直角度公差 t_1 の影響度が高くなるため、t_1 は極力小さくしたい。

そのため、突出公差域を考慮しない場合の公差の割当てには、加工精度も踏まえた検討が必要である。

このような場合に突出公差域を使用することで、部品②の穴径の適正化が図られる。

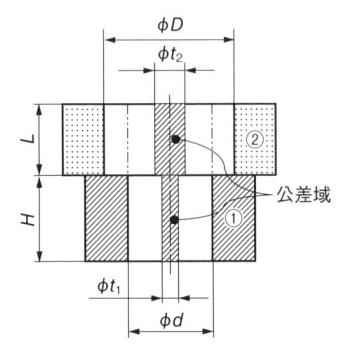

図6.5　両部品の公差域を考慮する場合

● 6.2.4　突出公差域の使用上の留意点

　突出公差域は、公差域を突出部分側にシフトさせることで、圧入軸（ダウエルピン）や植込みボルト（スタッドボルト）などの中心線の傾きによる、相手部品の穴との干渉を回避する、言い換えればクリアランスを適正化するために用いられる。

　見方を変えると、部品①に予め軸が圧入されているものとして、その軸の傾きや位置を規制していることと同じである。

　ただし突出公差域の適用は、図6.1の突出長さLが圧入長さHに比べ比較的長い場合に意味のあるものとなる。

　また、この突出公差域自体が、形体の外側にある空間上の仮想領域であるため、特に圧入穴の場合、その測定や評価は3次元測定機（CMM）を用いた、多少検査コストのかかる方法となる可能性があることにも注意が必要である。

　そのため、突出公差域は圧入箇所への乱用は避け、突出部の傾きをはめあい構造に合わせて規制する必要がある場合にのみ、使用を検討するのがよい。

　ちなみに式(1)より、

$$t = \frac{D-d}{1 + \dfrac{2L}{H}} \tag{7}$$

であり、予め相手部品側の穴径Dを決めておき、それと干渉しないような直角度公差値tを決定する方法もある。

　例えば、図6.3で使用した寸法値（$d = 30, L = 27, H = 30$）を用いると、$D = 30.2$となるような直角度公差値は、式(7)を用いて$t = 0.07$程度と求められる。

　この例のように、Ⓟを用いない場合は直角度公差（軸の倒れの規制）は厳しく指定されることになる。

　なお、対象部品にボルト用のめねじが切られている場合は、ねじピンゲージを用いて突出公差域部分の位置や直角度を測定することになるが、その際、ねじピンゲージの突出部（測定部）長さが突出公差域の長さ以上となるものを選択することに注意する（**図6.6**）。

　注：薄板のねじ穴のように、ねじ穴中心線の位置だけが重要で、傾きは影響
　　　なしとして不問とする場合、突出公差域の指示は不要で、ねじピンゲー
　　　ジによる測定はゲージの根元付近で実施すればよい。

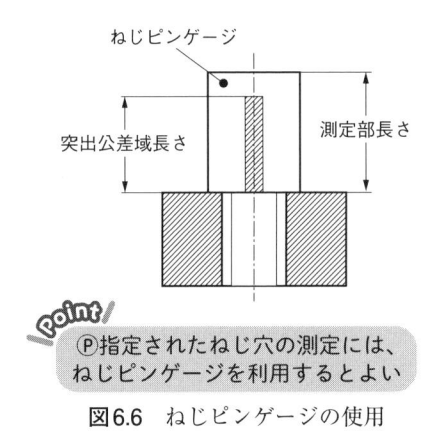

Ⓟ指定されたねじ穴の測定には、
ねじピンゲージを利用するとよい

図6.6　ねじピンゲージの使用

6.3　自由状態Ⓕ

　自由状態（free-state condition）はJIS B0026:1998非剛性部品（ISO 10579）
で規格化され、記号Ⓕで表される。

　自由状態とは、重力以外の外力が作用しない状態で、部品単体が自重でとり
得る形状を指すが、Ⓕはその自由状態における許容誤差を規制する、という点
が特徴である。

● 6.3.1　非剛性部品の定義

　エラストマー製品や長尺の板金プレス品など、自重や成形後の膨張・収縮な
どで変形するものを非剛性部品（non-rigid parts）と呼ぶ。

　このような部品は、拘束のない状態（自由状態）では図面上の寸法や公差内
に収まっていなくても、アセンブリされた状態で、図面指示通りに仕上がって
いるかどうかが重要となる。

　そのため、自由状態では少なくとも組付けに支障がない程度の自然変形を許
容しつつ、組付け状態での仕上がり寸法（設計上の狙い値）を確保するための
公差付与を行うのが、合理的と言える。

● 6.3.2　自由状態の定義と記号の使用方法

　図6.7に、自由状態の一例を示す。

　同図(a)は薄板の板金部品の例で、自由状態は曲げ加工後のスプリングバッ

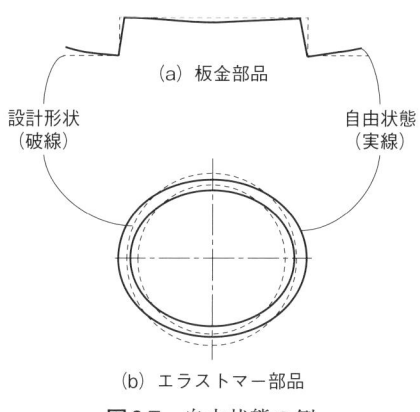

(a) 板金部品

設計形状
（破線）

自由状態
（実線）

(b) エラストマー部品

図6.7　自由状態の例

クが発生している状態である。

　また同図(b)はエラストマー製の円環部品で、成形後の熱収縮の影響で形状がゆがんでいる状態である。

　いずれの場合も、自由状態では、その部品が使用可能なできあがりになっているかどうかの判断ができない。

　そこで、使用状態、つまり対象部品が相手部品に対して拘束されている状態を図面内に記述し、自由状態（拘束のない状態）と使用状態（拘束のある状態）の公差を、使い分けて適用するような指示を行う。

　図6.8に、図6.7の部品を使った自由状態記号Ⓕの使用例を示す。

　この図示例では、複合幾何公差と呼ぶ、1つの幾何公差記号に対して上下二段に、異なった公差を指定する指示方法を用いている。

　幾何公差にⒻの付いた公差（下段）は自由状態での公差であり、どちらの例においても大きな公差値を与えているが、この値は、本来相手部品に組み付けた時点では良品となるものを、部品単体の段階で不合格品としないために、適切に（余裕を持って）決定する。

　一方、Ⓕの付かない公差（上段）は、部品図の下方に記述した、拘束状態に関する注記にしたがって部品を拘束した状態（使用状態）で満たすべき公差、つまり本来の設計仕様としての公差である。

　図6.9はJISにも掲載されている図例で、この場合はⒻ付きの真円度を指示した円筒面は、比較的緩い真円度公差での仕上りを許容している。

　またこの図例では、拘束状態での真円度は特に指示されておらず、相手部品

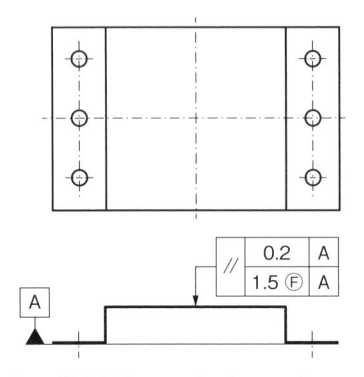

注記　拘束状態：6カ所の穴をM3ボルトで
0.6〜0.8Nmのトルクで締め付けた状態

（a）板金部品

注記　拘束状態：φ39の内側円筒面を
相手部品（No.xxxx）に嵌合させた状態

（b）エラストマー部品

図6.8　自由状態を指定した部品の図示例1

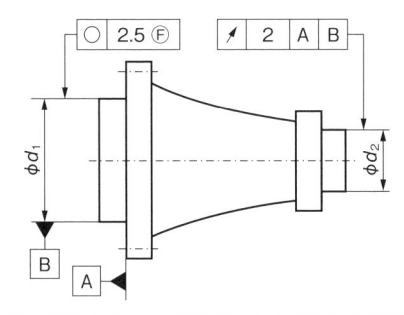

注記　拘束状態：データムBで指示した円筒部を相手部品の
凹部に嵌合させたあと、データムAの面を12本のM6ボルトで
5〜8Nmのトルクで締め付けた状態

Point!
Ⓕ指示のある部品の拘束状態は注記で明示する

図6.9　自由状態を指定した部品の図示例2

に倣って嵌合できれば、嵌合後の真円度は不問とする、という設計意図を表現している。

　そのため、同図の右方の円周振れ公差も、機能を損なわない程度に緩い値となっている。

● 6.3.3　自由状態指示の使用上の留意点

　プラスチックなどの射出成形品も、熱収縮により大なり小なり形状がゆがむ

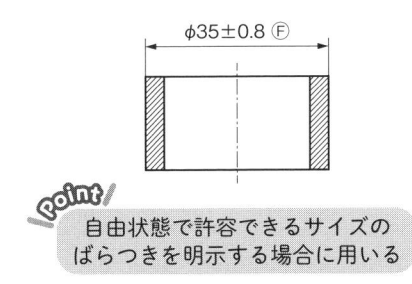

図6.10　非剛性部品の自由状態のサイズ指示例

が、相手部品への取付け時に形状が補正されて、実使用上は問題ないケースがある。

　自由状態の指示は、製品状態（組立て終わりの状態）での機能や品位を保ったうえで、単体検査で不合格となる部品を減らす、つまり歩留まりを上げるための1つの方策でもある。

　なお、図面が自由状態を考慮したものであることを示すために、JISでは規格番号（JIS B 0026–ISO 10579–NR）を表題欄の中、またはその近辺に記載する規定があることに注意する。

　また、部品の姿勢によって、重力による自重変形の仕方が異なることが明らかである場合は、その部品の使用状態での重力方向を図示する。

　図6.8や図6.9の例では、重力方向の指示がないため、Ⓕが指示された形体の幾何公差は、この部品がどの姿勢であっても満たされている必要があることになる。

　なお、記号Ⓕは幾何公差だけでなく、サイズの標準指定条件記号（complementary specification modifier）として、非剛性部品のサイズ公差に対しても使用される（JIS B 0420–1、ISO 14405–1）。

　図6.10はその一例で、図6.7(b)のエラストマー部品の外径寸法に対してⒻを指示した例である。

　このような部品の場合、前述した幾何公差に対してⒻを適用する方法よりも、検査手順ははるかに簡易化されるため、部品の要求仕様に応じて適切に使い分けることも大切である。

まとめ

突出公差域は、圧入軸や植込みボルトといった軸部品が挿入される穴の公差域を、突出部分側にシフトさせた公差域であり、仮想的な軸部品の姿勢と位置を規制することで、軸部品と相手部品の穴とのクリアランスを最小限にするために使用する。

自由状態とは、重力だけを受けた部品の自然な状態であり、その拘束のない状態では本来の設計仕様である公差を満たせない場合に、自由状態での公差も明示することにより、組付け後の公差と合わせて部品の良否を判定することが可能となる。

これらの指定記号は、組付け後に部品としての機能を発揮させたいとする設計意図を、図面段階で表現する。

JISの規格書などでは、突出公差域や自由状態について、それらが必要となる十分な背景が解説されていないため、本章では少し詳細に紹介した。

次章では、幾何公差やサイズ公差に適用される付加記号類の中から、確実なはめあい成立を目的とした記号を取り上げ、事例を交えて解説する。

ミニコラム

附属書は付録ではない

本章で紹介した突出公差域や非剛性部品の自由状態は、指定記号の規格の中では、特別に独立した規格として規定されている。

元となっているISOの規格がそうなっているからでもあるが、どちらも設計時に指定方法に苦慮するようなことをうまく解決してくれる、便利な指示方法であることも理由の1つであろう。

ただ、どちらも規格本文には記号の定義と簡単な図示例があるだけで、少し詳細な解説は附属書（Annex）の方に記載されている。

附属書というとなにか付録、おまけのようなイメージがあるが、規格書ではこれが本体の内容を補完する重要な情報となっていることも多い。

本章に限らないが、本書で解説している規格内容の中には、このような附属書に記載されている内容を少しかみ砕いて解説したものも多い。

第7章

付加記号編（その3）「はめあい成立の条件を与える」

　第5章、第6章で、幾何公差に適用される付加記号から、有用な指定記号をいくつかピックアップして紹介した。

　本章では、そのほかの指定記号や、サイズ公差に適用される条件記号の中から、特に部品同士のはめあいに関連する記号の、定義や用法、注意点について図例を用いながら解説する。

　なお、はめあいの成立に関する重要な方法には、最大実体公差方式（maximum material requirement：記号Ⓜ）があるが、これについては第8章で紹介する。

7.1　はめあいの条件と問題点

はめあいには、JIS（B0401-1）で規定される、すきまばめ/中間ばめ/しまりばめの3種類があるが、本章では、部品同士が干渉することなく嵌合することを目的とした、すきまばめの場合を取り上げる。

● 7.1.1　すきまばめの成立条件

図7.1に、穴と軸の一般的なすきまばめ指示例を示す。

同図下の許容限界サイズ（公差の下限から上限までの寸法範囲）から、穴が最小サイズ $\phi20$、軸が最大サイズ $\phi19.993$ であっても、計算上は $7\,\mu\mathrm{m}$ のすきまが確保されるため、このはめあいは成立するはずである。

しかし、形体の幾何学的偏差までを考慮すると、この指示方法では不完全である。

その理由は、第1章で説明した、部品のサイズが2点間測定により評価されることによる。

● 7.1.2　2点間測定でのはめあい評価の問題点

図7.2に、2点間測定を行った穴と軸でのはめあい状態を示す。

なおここでは、穴、軸とも中心線は真直、つまり曲がりはないものとする。

同図上に、穴と軸を軸方向から見た実形状例を示す。

図示したように、直径の2点間サイズはどの方向で測っても、穴は $\phi20$、軸は $\phi19.993$ であるが、極端な例を考えると同図下のように、両者をはめあわせた時に干渉が生じる可能性がある。

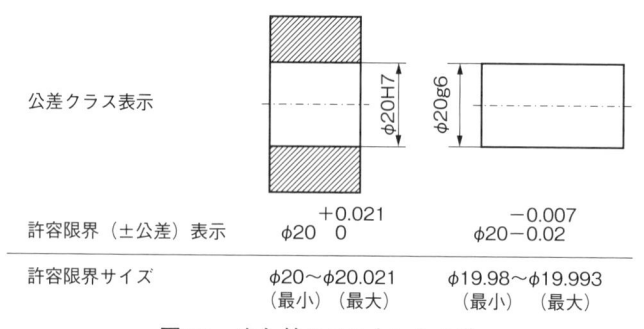

図7.1　穴と軸のはめあいと公差

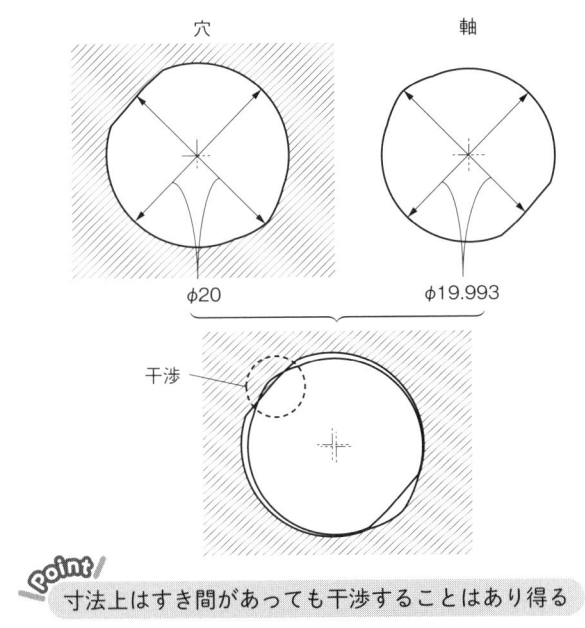

穴　　　　　軸

φ20　　　　　φ19.993

干渉

寸法上はすき間があっても干渉することはあり得る

図7.2　2点間測定でのはめあい

　実際にはこのような干渉はまず生じないが、その理由は、通常の加工であれば、穴や軸の直径が公差の中央を狙って加工されることに加え、真円度や円筒度などが（たとえ図示されていなくても）十分精度よく仕上がるからである。

　とは言え、確率的には干渉する可能性は排除できない。

　しまりばめや中間ばめは、そもそも干渉させることが前提のはめあいであるため、ここまでの注意を払う必要はないが、すきまばめの場合は、部品相互が絶対に干渉しないような指示を与えることが、完全な形体定義として必要となる。

　この完全な形体定義には、サイズ公差指示によるものと、幾何公差指示によるものの2種類の方法がある。

　サイズ公差指示には、形体の変形状態までは考慮できないという、2点間測定の弱点を補うサイズ指定方法が必要となる。

　また幾何公差指示には、円筒部品を例にとると、真円にどれだけ近付けるか、穴と軸の中心線の位置や姿勢をどこまで近付けるかの指定方法が必要となる。

　どちらも、既定の公差指定を補完する、追加の指示を行うことで実現される。

7.2　はめあい成立のためのサイズ公差指示

　ここでは、すきばめを確実に成立させるためのサイズ指示の特別な記号と使用方法について解説する。

● 7.2.1　条件記号の種類

　表7.1は、JIS B0420-1:2016に掲載されている、長さに関わるサイズ（linear sizes）の指定条件の記号一覧の中から、全体サイズと局部サイズの部分を抜粋したものである（規格にはこのほかに、算出サイズ（calculated size）や順位サイズ（rank-order size）と呼ばれるサイズ特性分類に属する記号群もある）。

　これらの記号は、長さサイズ、つまり相対する平行二平面間の距離や円、球の直径といった形体サイズの公差に対して付加される、特別指定演算子（special specification operator）と呼ばれる記号群である。

　なお、ISO14405:2016では、個々の記号のことを"specification modifier"と記述しているが、本章では「条件記号」と略称する。

　表中の条件記号の中で、すきばめを論理的に成立させるために使われるのが、網掛けで示したGXとGNになる（記号表記としては丸囲みであるが、文中では省略する）。

　これらは、全体サイズと呼ばれるサイズ特性分類に属する。

表7.1　条件記号の種類（抜粋）

条件記号	説明	
LP	2点間サイズ (two-**P**oint)	局部サイズ (**L**ocal size) （無数に存在）
LS	球で定義される局部サイズ (**S**pherical)	
GG	最小二乗サイズ (**G**aussian least squares)	全体サイズ (**G**lobal size) （1つのみ存在）
GX	最大内接サイズ (ma**X**. inscribed)	
GN	最小外接サイズ (mi**N**. circumscribed)	
GC	ミニマックスサイズ (**C**hebyshev minimax)	

（太文字は記号に対応）

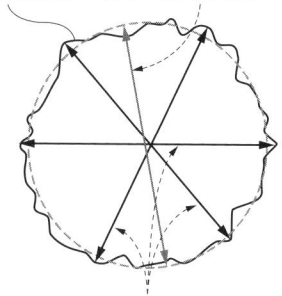

全体サイズ
⇒ただ1つのみ存在
（最小二乗円（破線）の直径サイズ）

実形体
（測得円（実線））

局部サイズ（2点間サイズ）
⇒測る方向により無数に存在

図7.3　全体サイズと局部サイズ

図7.3に全体サイズと局部サイズの概念図を示す。

同図に示すように、全体サイズ（global size）とは、対象とする形体（例えば円筒）に対して、ただ1つのみ存在する（定義される）サイズを意味し、この例では最小二乗円の直径サイズがそれに該当する。

これに対し、局部サイズ（local size）とは、同図の2点間サイズに代表されるように、測定する箇所（円筒で言えば直径を測る方向）により無数に得られるサイズを意味する。

なお、実際の形体を測定して得られたデータから、実形体を近似して求めた形体のことを、測得形体（extracted feature）と呼ぶが、穴や軸のような円筒形体に対する測得形体のことを、以降では測得円と記述する。

● 7.2.2　最大内接円と最小外接円

図7.4は、円筒形状の断面を模式的に示す。

同図中、実線はどちらも同じ測得円で、真円になっていないことがわかるよう、凹凸を誇張して描いている。

また、同図(a)には最大内接円、同図(b)には最小外接円を破線で示してある。

最大内接円も最小外接円も、一般に測得円上の最小3点[*]を用いてただ1つ決まるので、それらの直径サイズ（図中のd_i、d_c）は前述の全体サイズの一種である（添字のiはinscribe、cはcircumscribeの頭文字）。

またこのように、測得形体を元に構築された完全形状を、当てはめ形体

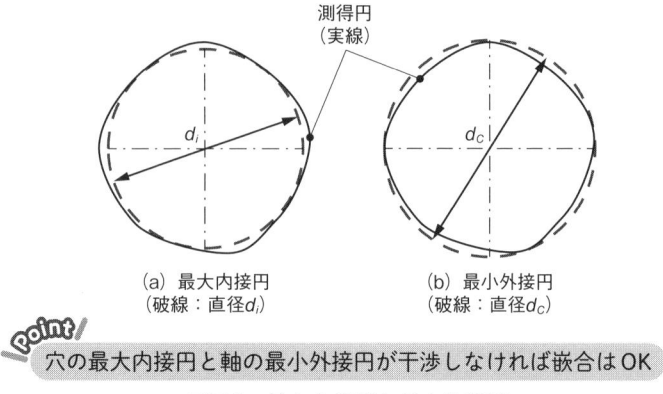

(a) 最大内接円
（破線：直径d_i）

(b) 最小外接円
（破線：直径d_c）

測得円
（実線）

穴の最大内接円と軸の最小外接円が干渉しなければ嵌合はOK

図7.4 最大内接円と最小外接円

（associated feature）と呼ぶ。

したがって、最大内接円と最小外接円は、当てはめ形体でもある。

（＊）最小外接円は、180°対向した2点を直径とする特別な場合もある。

● 7.2.3　全体サイズを用いたはめあい成立条件

ここで改めて、図7.1に示した穴と軸のはめあいを考えてみる。

前節で説明したように、穴がプラス公差で軸がマイナス公差であっても、最悪の組合せでは干渉が避けられない。

これを回避するための方策は、穴側を最大内接円、軸側を最小外接円で評価する方法を取り入れることである。

図7.5に、表7.1のGX（最大内接サイズ）とGN（最小外接サイズ）をそれぞれ穴と軸の寸法に付加した状態を示す。

この全体サイズの条件記号の指示では、穴径は、2点間測定で許容限界サイズの$\phi20.0 \sim \phi20.021$の範囲内かつ、最大内接サイズが下の許容サイズの$\phi20.0$以上であること、また軸径は、同じく2点間測定で$\phi19.98 \sim \phi19.993$の範囲内かつ、最小外接サイズが上の許容サイズの$\phi19.993$以下であることを要求している。

その結果、穴と軸のはめあいすきまが最小となる直径サイズであっても、全周にわたって$7\mu m$のクリアランス（すきま）が確保されることになる。

ただし重要なのは、はめあい関係にある部品双方に、この条件記号を設定することであり、仮に片方の部品だけへの指定とすると、完全なすきまばめの成

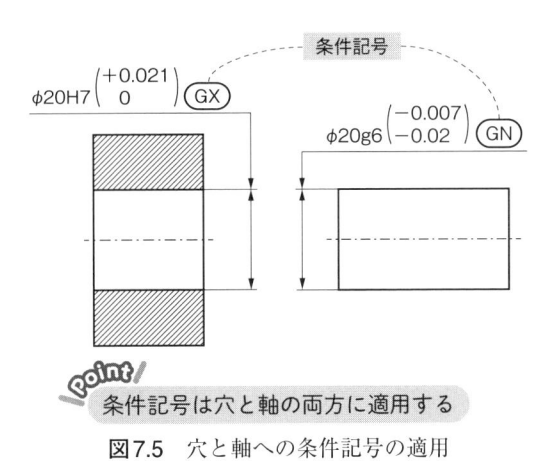

図7.5　穴と軸への条件記号の適用

立について全く意味をなさないことに注意する。

　なおこの指示方法は、はめあいが成立しさえすれば、直径のばらつきや中心線の曲がりはサイズ公差内で許容するという考え方となっている（この点では、第2章で解説した包絡原理に似ている）。

　検査では、限界サイズで作製されたゲージ（限界ゲージ）を用いれば、最大内接/最小外接サイズの条件を満たしているかどうかの判別はできるが、サイズ公差内に入っているかどうかは別途ノギスなどによる測定が必要となる。

　実用的な検査手順としては、真円度測定機や3次元測定機などを使用して、全長にわたって直径がサイズ公差内であることを確認すると共に、その測定データから最大内接サイズや最小外接サイズを算出し、許容サイズと比較する方法もある。

　図7.6に、凹型と凸型の2部品に対するGX、GNの適用例を示す。

　同図右列に、最大内接サイズ（L_i）と最小外接サイズ（L_c）のイメージを、破線で示してある。

　前述の穴と軸での考え方と同様、この条件記号によるはめあい成立の条件は、$L_i \geq 30.05$かつ$L_c \leq 29.98$である。

　なお同図からもわかるように、両部品のはめあい後の相対的な位置や向きは、サイズ公差内のばらつきであれば不問である。

　これが、設計意図として必要かつ十分であればこの指示のままでよいが、位

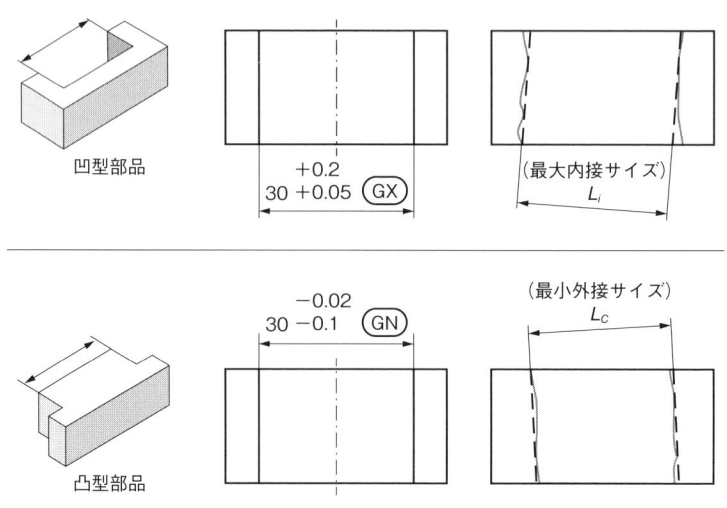

図7.6　GX、GNのその他の適用例と解釈

置や向きも重要であれば、幾何公差を用いて両部品の中心面の偏差を規制することになる（後述）。

　以上、条件記号GXとGNの使い方について代表的な2例を紹介したが、ここで改めて、最大内接サイズや最小外接サイズは、実際に測定して初めて得られるものであることに留意していただきたい。

　参考までに、JISには上下の許容限界に対して、個別に条件記号を付した例も紹介されているが、解釈が若干難解となるため、本章では割愛する。

7.3　はめあい成立のための幾何公差指示

　ここでは、はめあいを合理的に成立させる幾何公差の特別な記号とその使用方法について解説する。

● 7.3.1　指定記号の種類

　表7.2にISO（1101：2017）で規定されている指定記号（specification element）の一覧の抜粋を示す。

　指定記号は、幾何公差指示を補完するために、公差記入枠内で使われる。

表7.2　指定記号の種類（抜粋）

Tolerance zone（公差域）			Toleranced feature（公差付き形体）		Characteristic（特性）	Material condition（実体条件）	State（状態）
CZ	UZ	OZ	Ⓒ	Ⓐ	C CE CI	Ⓜ	Ⓕ
SZ		VA	Ⓖ	Ⓟ	G GE GI	Ⓛ	
		><	Ⓧ		X	Ⓡ	
			Ⓝ		N		
			Ⓣ				

　本章ではこの中から、網掛けした2つ、Ⓧ（最大内接当てはめ形体指定）とⓃ（最小外接当てはめ形体指定）を取り上げる。

　どちらも、前節で説明したサイズ公差に対するGXやGNと同様、測得形体から（完全形状として）構築された当てはめ形体に対する指示であるが、規制対象が当てはめ形体の中心軸線や中心平面である点が異なる。

● 7.3.2　ⓍとⓃの定義と解釈

　図7.7に、Ⓧ指示とⓃ指示の解釈を比較したものを示す。

　一般的には、Ⓧ指示は穴や凹形状の、またⓃ指示は軸や凸形状の中心線/面の位置規制と共に使用されるため、同図上段の円形状は、Ⓧ指示の場合は穴（同図(a)）、Ⓝ指示の場合は軸（同図(b)）であるものとする。

　両指示ともに共通しているのは、当てはめ形体である最大内接円や最小外接円の中心軸線の位置や姿勢が、位置度の円筒公差域（同図では $\phi0.2$）内に入っていることを要求している点である。

　ⓍやⓃの指示を付加することで、すきまばめの成立に必要なクリアランスを確保するための、中心線位置に許容されるずれ量を指定できる。

　本例の幾何公差へのⓍやⓃの指示は、中心線の（曲がりや倒れも含めた）位置偏差に対してのみのものであり、当てはめ形体の直径サイズを、直接的には規制していないことに注意する。

　なお、前節のGXやGNの場合と同様、最大内接円や最小外接円の中心軸線は、実際に穴や軸を測定したデータから、内接円や外接円を割り出したのちに初めて得られるものであることに留意する。

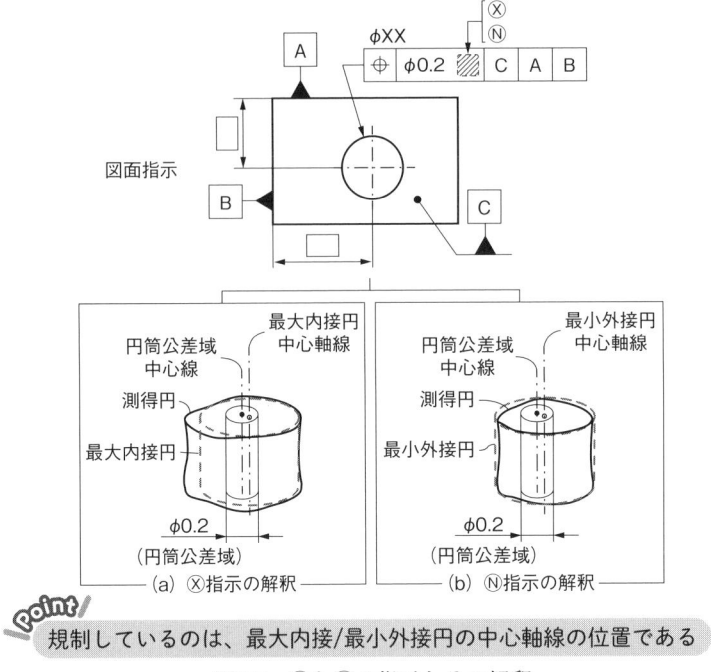

図7.7　ⓍとⓃの指示とその解釈

7.4　はめあい成立のための複合した指示

　ここまでで、すきまばめを論理的に成立させるための、2つの指示方法を説明したが、これらを組み合わせることを考えてみる。

● 7.4.1　サイズと幾何偏差の両方の規制

　サイズ公差へのGXやGNの指示は、実際にできあがった穴形体と軸形体が必ずクリアランスをとって嵌合できる、つまりすきまばめが確実に成立するようにするためのものである。

　一方、幾何公差へのⓍやⓃの指示は、サイズ上はすきまばめが成立することを前提とした上で、当てはめ形体の中心軸線の位置偏差を規制するためのものである。

　したがって、すきまばめを成立させ、かつ嵌合部品同士の位置関係も指定公差内で規制するためには、サイズ公差と幾何公差の双方に、最大内接/最小外

接の条件を適用すればよいことになる。

　以降、上記の内容を反映した公差指示方法の例を2つ示す（両例とも、説明に必要な最小限の寸法、公差のみを記入してある）。

● 7.4.2　穴と軸の部品ペアの場合

　図7.8は、図7.5と同じ寸法と公差を与えた、穴部品と軸部品への図示例で、両者が同じ文字のデータムを付した面同士で、位置合わせされる場合を想定したものである。

　2つの部品が、互いに3つのデータムを共有する形で完全に位置決めされるようにするため、穴部品にはGXと $\circledX$、軸部品にはGNと $\circledN$ を組み合わせて使用していることに留意する。

　穴部品の穴には、直径が $\phi 20.0$ 以上の最大内接サイズの当てはめ円筒が存在し、その円筒の中心線が $\phi 0.1$ の円筒公差域内に入っていることを要求している。

　また軸部品の軸には、直径が $\phi 19.9$ 以下の最小外接サイズの当てはめ円筒が存在し、その円筒の中心線が $\phi 0.1$ の円筒公差域内に入っていることを要求している。

　これらの指示により、穴と軸の直径や中心線位置が、公差内でどのようにば

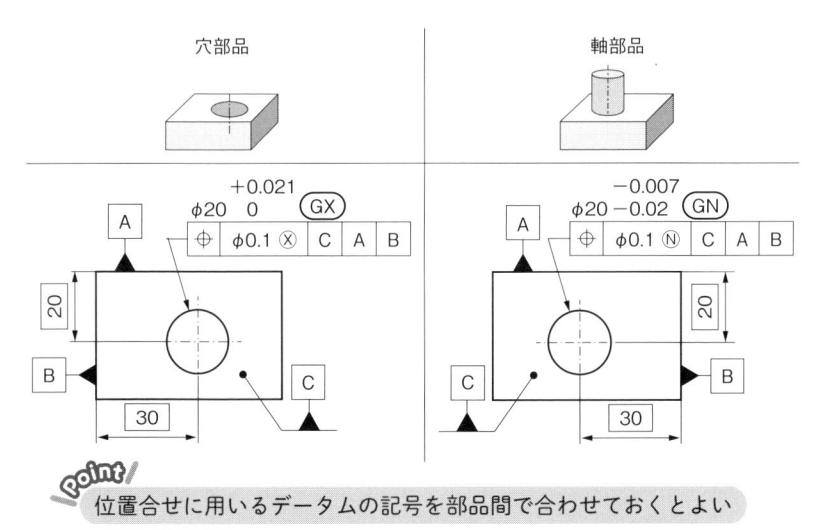

位置合せに用いるデータムの記号を部品間で合わせておくとよい

図7.8　すきまばめ成立条件を明示した公差指示例1

らついても、理屈上は3つのデータムを一致させた上で必ず嵌合が成立することが保証される。

● 7.4.3　キー溝とキーの部品ペアの場合

図7.9は、図7.6と同じ寸法と公差を与えた、キー溝部品とキー部品での図示例とその解釈である。

キー溝部品に対しては、同図(b)左に示すように、溝幅の最大内接サイズが30.05以上であり、かつその最大内接サイズから割り出された溝の中心平面が、0.2の位置度公差域の中に入っていることを要求している。

一方、キー部品に対しては、同図(b)右に示すように、幅の最小外接サイズが29.98以下であることのみを要求している。

つまりこの部品ペアは、キー部品が相手溝に確実に嵌合できればよく、嵌合後のキー部品の位置や姿勢は、キー溝部品側の仕上がりに依存するという設計となっている。

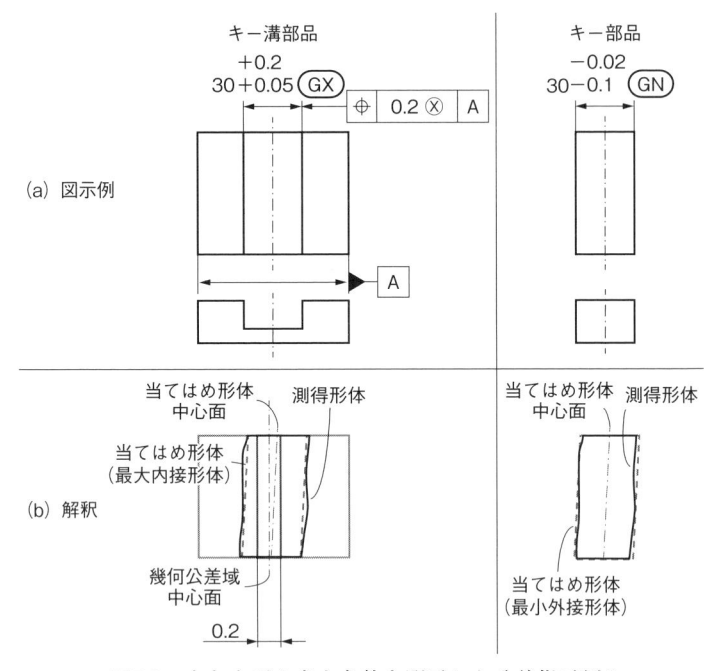

図7.9　すきまばめ成立条件を明示した公差指示例2

まとめ

　部品同士のはめあいのうち、互いに干渉させないことを目的とするすきまばめにおいて、確実なはめあい成立を保証するための公差指示方法を紹介した。

　JIS規格では、サイズ公差と幾何公差に最大内接や最小外接状態での評価を指示する、特別な補完記号が準備されている。

　その基本的な考え方は、測得形体から構築される当てはめ形体の、サイズや中心軸線/平面の位置をばらつき規制の基準として使う、ということに基づいている。

　本章で解説した、最大内接や最小外接の指示の考え方は、できあがった部品のペアが、実際に嵌合用途として問題なく使用できる仕上りになっているかどうかを、実測データ（測得データ）を用いて検査することが前提となっている。

　したがって、検査コストがそれなりに増大することは否めないため、高精度部品の少量生産に向いていると考えた方がよい。

　大量に生産する部品に対しては、このような指示はコスト面ではあまり相応しくなく、通り止まりゲージや機能ゲージを使った簡易検査に適した形体偏差の規制方法を採用すべきであろう。

　なお本文では特に触れなかったが、最大内接や最小外接の記号指示がない場合は、当てはめ形体には、既定で最小二乗サイズ（記号としてはGGと Ⓖ）が適用されることを付記しておく。

　次章では、この点に着目した方法である、最大実体公差方式と動的公差線図について、事例を交えて解説する。

形体関連用語と定義

本章では、〇〇形体という用語が随所に出てくるが、それらをまとめたものを図7.10に示すので参考にしていただきたい。

「測得形体」や「当てはめ形体」の用語にはあまりなじみがないかもしれないが、現物を測定したデータ（座標データ）に基づいて、実際の形状を再現したものが測得形体で、その測得データに基づいて作成される完全な形状を当てはめ形体と呼ぶ。

さらに、この完全な形状を作る方法に、最大内接/最小外接/最小二乗法などがあると考えればよい。

なお本書では、原則としてJIS B0672-1での定義に基づき、測得形状あるいは形体の成り行きで決まる中心形体（測得誘導形体）については中心線/中心面、完全形状で決まる中心形体（図示誘導形体および当てはめ誘導形体）は中心軸線/中心平面のように使い分けている。

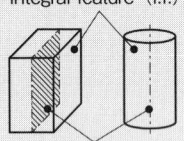
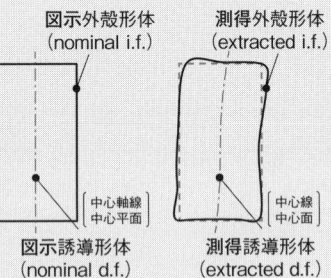

図7.10　形体関連用語と定義

第8章

最大実体公差編
「組み立てばよしとする合理性」

　第7章では、すきまばめのはめあいを論理的に成立させるために、サイズ公差と幾何公差に使われる記号類について解説した。

　その考え方の基本にあるのは、測得データ（現物の実測データ）から算出した、最大内接サイズや最小外接サイズの当てはめ形体（associated feature）を用いることである。

　しかし、論理的には正しいものの、やり方によっては検査コスト（時間や労力）のかかる方法でもあるため、大量生産品には必ずしも適切とは言えない。

　そこで考えられるのは、多少のガタは許容した上で、はめあいを必ず成立させ、かつ検査コストもかからないようなばらつき規制方法である。

　それが、最大実体公差方式（MMR：maximum material requirement）と呼ばれるものである。

　本章では、この最大実体公差方式と、それに関連した公差検討手法である動的公差線図、および検査の簡素化を実現する機能ゲージについて解説する。

　関連する規格は、JIS B 0023:1996、ISO 2692:2014である。

　なお技術用語については、理解の助けとするため、なるべくISOの原文表記も併記してある。

8.1 最大実体と最小実体

本節の内容は第2章と一部重複するが、最大実体公差方式の理解に必要な事項を中心に解説する。

● 8.1.1 実体と完全形体

機械設計における「実体」とは、実際に存在する物体のことである。

面が集まってできたものとも言え、その意味では外殻形体（integral feature）の一種である。

CADや図面上の形状のことを、JIS用語では図示形体（nominal feature）と呼ぶが、これは概念上の完全形体（完全形状）を意味する。

完全形体は、誤差のない長さ寸法や角度寸法（TED）で定義される理論的に正確な形体（TEF：theoretically exact feature）であるが、実体は測定することで初めて大きさがわかる。

その大きさは、公差により許容された範囲内で必ずばらつくため、実体は体積が最大の状態から最小の状態まで取り得ることになる。

以降の説明では、最大実体や最小実体の付く用語がいろいろ登場するが、使い分けに注意して読み進めていただきたい。

● 8.1.2 最大実体状態と最小実体状態

前述した、実体の体積が最大となっている状態を最大実体状態（MMC：maximum material condition）、逆に最小となっている状態を最小実体状態（LMC：least material condition）と呼ぶ。

図8.1に、円筒形体での最大実体状態（同図(a)）と最小実体状態（同図(b)）の例を示す。

ここでは、円筒の長さの変化は考えず、不変とする。

同図上段が図示状態で、中段は円筒の中心線が真直、下段は中心線が湾曲した状態である（破線は図示状態）。

最大実体状態では、円筒のどの箇所の直径を測っても上の許容サイズ（公差上限のサイズ）であり、最小実体状態では下の許容サイズ（公差下限のサイズ）である。

どちらも、中心線は真直でも湾曲していてもよい。

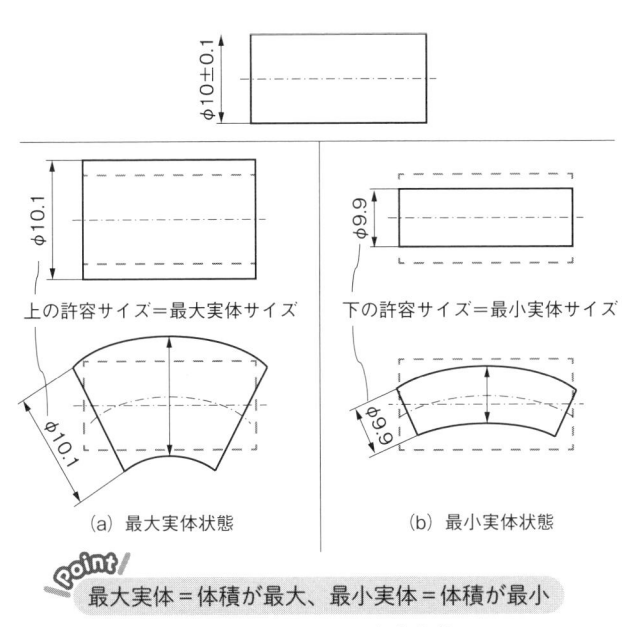

図8.1　最大・最小実体状態

ここで、最大実体状態となるサイズ（本例では、ϕ10.1）を最大実体サイズ（MMS：maximum material size）、最小実体状態となるサイズ（同、ϕ9.9）を最小実体サイズ（LMS：least material size）と呼ぶ。

なお、上記は軸部品を例に挙げてあるが、穴部品の場合は、体積が最大となるのは穴径が最小となっている状態、すなわち下の許容サイズが最大実体サイズであることに注意する。

以降では、最大実体状態の一般的な姿として、同図左下の中心線が曲がっている状態を取りあげる。

● 8.1.3　最大実体実効状態と最大実体実効サイズ

図8.2を用いて、最大実体実効状態について説明する。

同図(a)は、最大実体状態の円筒の例である。

この時の円筒の直径サイズは、（全ての箇所で）最大実体サイズである。

同図(b)は、この円筒の中心線が、真直状態に対して0.2だけ曲がっているとして、全体が仮想の円筒で包み込まれた状態を示したものである。

この図の仮想の円筒領域は、直径が最大実体サイズの円筒が、その中心線の

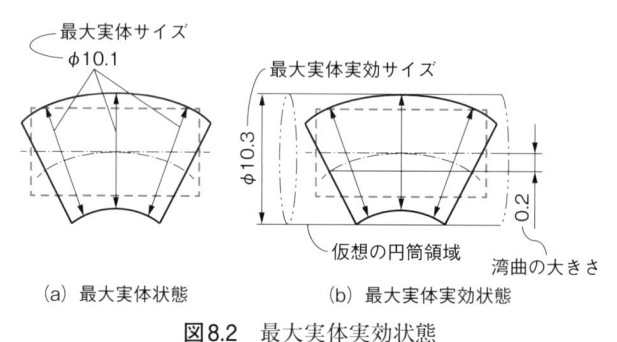

（a）最大実体状態 　　　（b）最大実体実効状態

図8.2　最大実体実効状態

曲がりも含めて完全に収まる（包絡される）完全形状の空間であり、この完全形状のことを最大実体実効状態（MMVC：maximum material virtual condition）と呼ぶ。

　また、この仮想円筒の直径サイズのことを、最大実体実効サイズ（MMVS：maximum material virtual size）と呼び、軸の場合は図より明らかなように、

　　　最大実体実効サイズ＝最大実体サイズ＋湾曲の大きさ

である。

　ここで、湾曲の大きさの許容範囲は、中心線に対する真直度/直角度/位置度により規制される。

● 8.1.4　最大実体実効状態とはめあい

　図8.3に、軸の最大実体実効状態でのはめあいの考え方を示す。

　同図(a)は、軸の直径とその公差、および中心線に対する真直度公差を与えたもので、同図(b)は、その部品が最大実体状態、かつ中心線の曲がりが真直度公差内で最大、となっている状態である。

　これは、軸が体積最大の方向に取り得る許容限界の形状であり、それを包絡する空間が前述の最大実体実効状態となる。

　これより、軸の最大実体実効サイズは、最大実体サイズに真直度公差値を加えた値（例では、$\phi10.1 + \phi0.2 = \phi10.3$）となる。

　したがって、この限界形状の軸が挿入できる穴の直径は、同図(c)に示すように、軸の最大実体実効サイズと等しいことが条件となる。

　言い換えれば、軸の最大実体実効サイズと等しい直径の穴であれば、はめあいは確実に成立する。

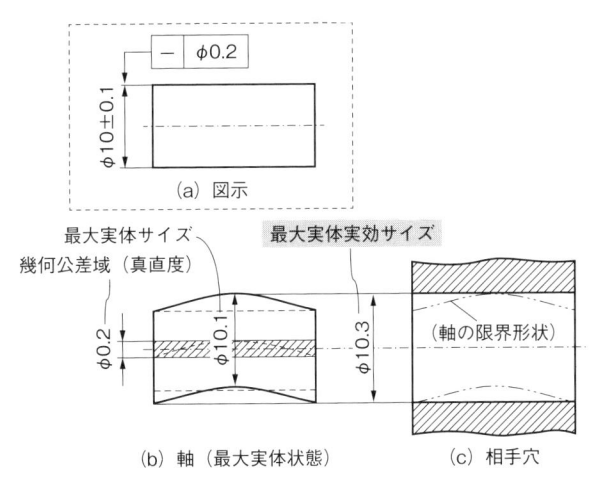

図8.3　最大実体実効状態とはめあい（軸の場合）

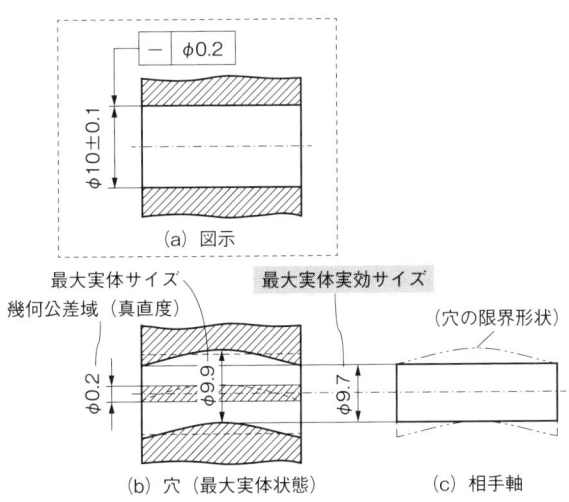

図8.4　最大実体実効状態とはめあい（穴の場合）

　図8.4は、穴の場合の考え方を示したものである。

　前述したように、軸と穴は最大実体の考え方が逆になり、同図(b)に示すように、穴の最大実体サイズは直径の下の許容サイズ（例では、φ9.9）になる。

　同図の、真直度公差まで含めた穴の限界形状から、穴の最大実体実効サイズは、最大実体サイズから真直度公差値を引いた値（例では、φ9.9 − φ0.2 = φ9.7）となる（加減算も逆になることに注意）。

また、穴の最大実体実効サイズと等しい直径の軸であれば、はめあいは確実に成立する。

なお図8.3や図8.4の例は、相手穴や相手軸の幾何偏差（軸の曲がり）は考慮していないが、これは後述する機能ゲージの設計仕様に関連してくる。

● 8.1.5　最大実体関連用語のまとめ

図8.5に、主要な用語とその定義について、数値例を交えて概略をまとめた。

ここでは便宜上、軸と穴の言葉を用いているが、はめあいに関係する形体について、そのサイズが大きくなると体積が増えるものを軸とし、逆に体積が減るものを穴とする。

なお、この場合の軸を外側サイズ形体（external feature of size）、穴を内側サイズ形体（internal feature of size）と呼ぶ。

軸と穴では、幾何公差値の加減算が逆になることに、改めて注意する。

● 8.1.6　はめあいの実用的な成立条件

ここまでの説明で、軸と穴のはめあいが必ず成立するためには、両者のMMVS（最大実体実効サイズ）が等しくなる必要があることがわかる。

しかし、実設計においては、どのような軸と穴の組合せでも確実に嵌合可能となるような、完全な互換性を設定することはまずない。

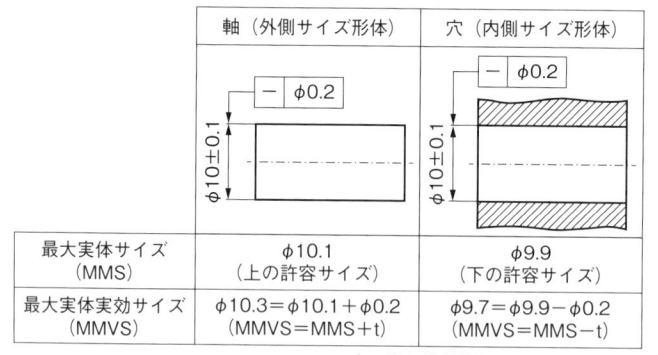

	軸（外側サイズ形体）	穴（内側サイズ形体）
最大実体サイズ（MMS）	$\phi 10.1$（上の許容サイズ）	$\phi 9.9$（下の許容サイズ）
最大実体実効サイズ（MMVS）	$\phi 10.3 = \phi 10.1 + \phi 0.2$（MMVS＝MMS＋t）	$\phi 9.7 = \phi 9.9 - \phi 0.2$（MMVS＝MMS－t）

（t：幾何公差値）

Point!

最大実体実効サイズの算出時は、軸と穴で公差値の符号が逆になることに注意

図8.5　最大実体関連用語と定義

図8.6に、はめあいの成立条件の比較を示した。

軸と穴には、穴基準すきまばめの公差クラスであるg6とH7を各々設定し、真直度（ϕt）を変えた場合のMMVSを計算してある（なお真直度公差は、便宜上、軸と穴共に同じ値であるとする）。

例えば、真直度を適当に$\phi 0.1$にした場合、軸のMMVSは穴のそれよりかなり大きい（同図、下から2段目）。

この設定の場合の不適合品率（すきまばめが成立しない組合せの出る確率）を計算すると、23％以上となる。

では、確実にはめあいが成立する、すなわち両者のMMVSが等しくなるような真直度はどの程度となるかを求めると、同図最下段に示すように、$\phi 0.0025$（最小すきまの1/2）という非常に厳しい値になる。

実用的には、確率論に基づいた公差計算を行い、例えばばらつきが$\pm 3\sigma$（σは標準偏差）以内となるような真直度公差を設定する。

計算式の詳細は本章のミニコラムで解説するが、この考え方を基に図8.6の例で計算すると、真直度は$\phi 0.02$程度に設定するとよい。

	軸	穴
	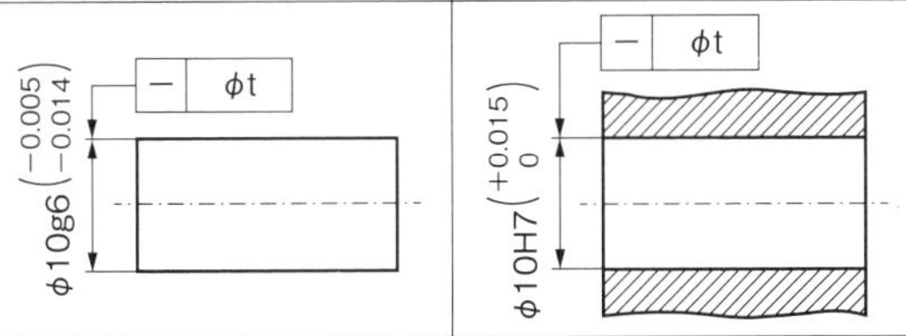 $\phi 10g6 \left(\begin{array}{c} -0.005 \\ -0.014 \end{array} \right)$ ― ϕt	$\phi 10H7 \left(\begin{array}{c} +0.015 \\ 0 \end{array} \right)$ ― ϕt
MMS	$\phi 9.995$	$\phi 10$
MMVS (t=0.1)	$\phi 9.995 + \phi 0.1 = \phi 10.095$	$\phi 10 - \phi 0.1 = \phi 9.9$
MMVS (t=0.0025)	$\phi 9.995 + \phi 0.0025 = \phi 9.9975$	$\phi 10 - \phi 0.0025 = \phi 9.9975$

（t：真直度公差値）

Point

中心線の曲がりまで考慮すると、
確実な嵌合成立には厳しい真直度公差が要求される

図8.6　はめあいの成立条件の比較

8.2　最大実体公差方式Ⓜ

ここまでの説明で、はめあい部品に関しては、その体積変化に応じて許容される幾何偏差の大きさを変えられることが理解できたと思う。

そこで、この特性を生かした幾何公差方式について考えてみる。

なお本書では、形体が最大実体状態（MMC）の時の幾何偏差を規制する幾何公差を、最大実体公差と表記する。

● 8.2.1　最大実体公差方式の定義

形体が最大実体状態で、かつ幾何公差内で最大に変形している状態を包含する仮想空間が、前述の最大実体実効状態（MMVC）である（図8.2参照）。

幾何公差を最大実体状態に対してのみ適用することで、形体が最大実体状態より小さい方向（体積が小さくなる方向）にできあがった場合は、最大実体実効状態の範囲まで、幾何公差の公差域を拡げる、すなわち公差を緩和することが可能となる。

実体のサイズに応じて、指定した幾何公差値を緩和する公差指示方式を、最大実体公差方式（最大実体要求、MMR：maximum material requirement）と呼ぶ。

図8.7は、軸を例とした、最大実体公差方式の図示例とその解釈である。

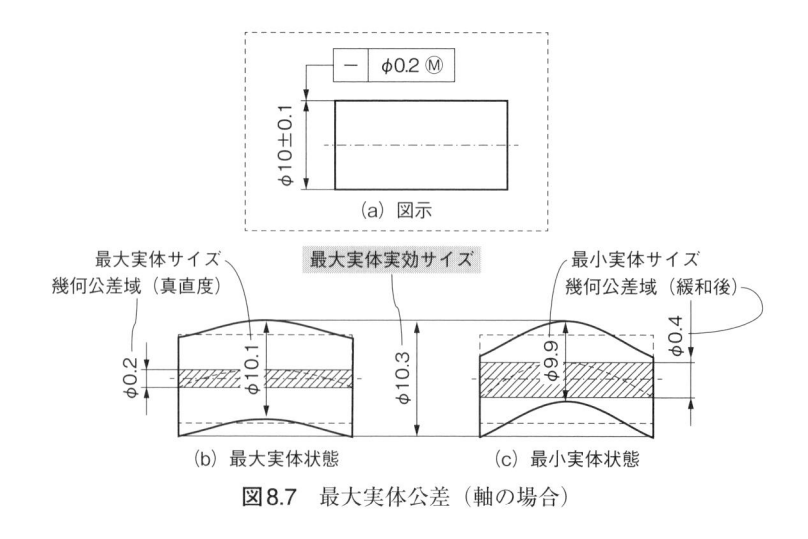

図8.7　最大実体公差（軸の場合）

同図(a)に示すように、最大実体公差方式を適用する場合は、幾何公差の公差値に続けて⑩の記号を付記する（⑩は MMC modifier とも呼ばれる）。

同図(b)は、軸が最大実体状態の時の解釈で、その場合の幾何公差値は公差記入枠内の公差値をそのまま適用する（図示サイズを破線で示してある）。

前述したように、この軸の直径サイズが、体積が小さくなる方向に（一様に）変化した場合は、最大実体実効状態の範囲に収まる限り、幾何公差値を増やす（緩和する）ことができる。

そしてその極限は、同図(c)の、軸が最小実体状態になった場合で、この時の緩和後の幾何公差値は、元の幾何公差（φ0.2）にサイズ公差（0.2）を加えた値（φ0.4）となる（サイズ公差＝上の許容サイズ−下の許容サイズ）。

図8.8は、穴を例とした図示例と解釈である。

考え方は軸の場合と同じであるが、最大実体サイズと最小実体サイズの定義が逆となっている点に注意する。

ただし、最大実体公差指示（⑩）は、はめあい関係にある部品の両方（例えば軸と穴）に対して行うことに留意していただきたい。

この最大実体公差方式の利点は、はめあい部分のサイズに応じて幾何公差を

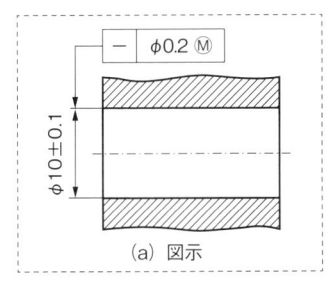

(a) 図示

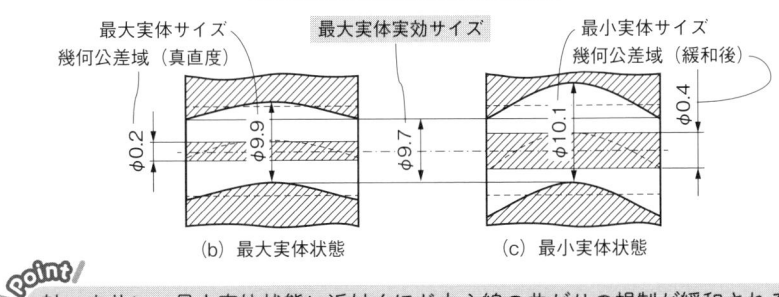

(b) 最大実体状態 (c) 最小実体状態

Point
軸、穴共に、最小実体状態に近付くほど中心線の曲がりの規制が緩和される

図8.8 最大実体公差（穴の場合）

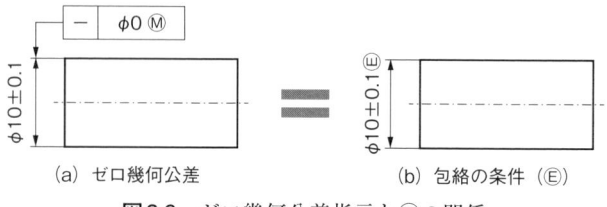

図8.9　ゼロ幾何公差指示と Ⓔ の関係

柔軟に変化させることを許容し、最終的に嵌合できればよし、として組合せ段階での歩留まりを上げられることである。

　つまりこの方式は、モノづくりを進める上で、非常に合理的かつ効率的な考え方に基づくものであると言える。

　なお、幾何公差値がゼロ（φ0 Ⓜ）の場合は、最大実体状態での曲がり（幾何偏差）は許容されない（ゼロである）ことになるため、第2章で解説した包絡の条件（Ⓔ）と同じ解釈となる（図8.9）。

　この指示方式はゼロ幾何公差方式とも呼ばれる。

● 8.2.2　データムへの最大実体公差指示

　前述のⓂ指示は、中心線や中心面といった誘導形体（derived feature）への幾何公差に対する指示であるが、データムに対しても使用することができる。

　図8.10に、互いに嵌合する、段付き軸と座ぐり付き穴部品に対して、幾何公差とデータム双方にⓂを指示した例を示す（同図では、最大実体サイズをMMS、最小実体サイズをLMS、最大実体実効サイズをMMVSと略記している）。

　以降、同図(a)の軸の例で説明するが、(b)の穴部品の場合も、MMSとLMSの関係だけ注意すれば、同様に考えてよい。

　まず、小径側は幾何公差（同軸度）へのⓂ指示により、直径がLMSの場合に公差域が φ0.2 まで緩和される。

　一方、大径側はデータムへのⓂ指示により、MMVS（＝MMS）とLMSの差である φ0.1 の範囲で、データムの中心線位置を動かせる。

　なお、データムを指定した中心線に対して真直度指示がない場合は、中心線の曲がりを不問とするのではなく、真直度＝0と解釈する（それゆえ、MMVS＝MMSとなる）。

　このようなデータムの挙動はデータム浮動とも呼ばれるが、これは、データム形体（例では大径側）のサイズがLMSに近付いた分だけ、全体の位置を設計

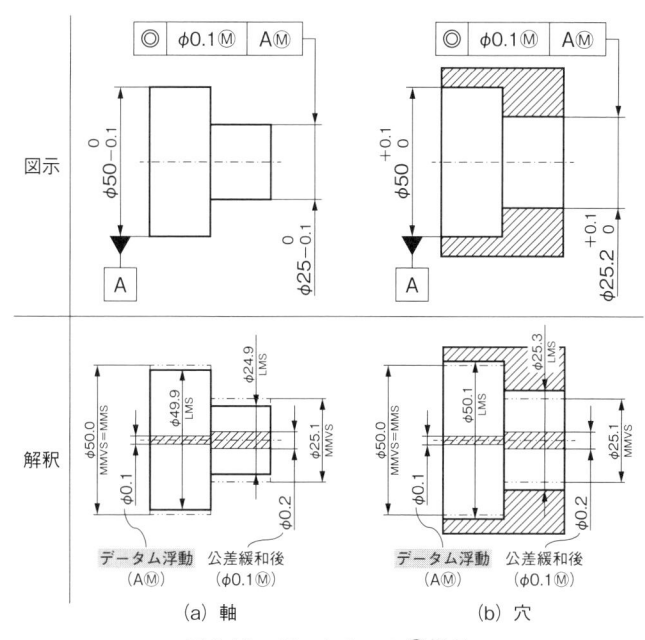

図8.10 データムへの⑯指示

上の位置からずらすことができる、というものである。

　図8.10のような軸部品と穴部品の組合せの場合、中心位置を少しずらすだけではまり合うことはよく経験するが、データムへの⑯指示は、このいわゆる「ガタ寄せ」による嵌合を明示的に認めるための指示である、と考えてもよい。

　したがって、嵌合できればよいような構造の場合は、その設計意図を明確にするため、積極的にデータムへの⑯指示を行った方がよいと言える。

● 8.2.3　動的公差線図の利用

　最大実体公差方式は、軸と穴などのはめあい関係にある部品に対する指示であるが、単に公差値の足し引きだけを考えてもわかりにくい。

　そこで、これを視覚的に表現する方法として、動的公差線図（dynamic tolerance diagram）が考えられた（JIS B 0023：1996）。

　図8.11に、軸の場合の動的公差線図の作図例を示す。

　同図(b)の横軸はサイズで、同図(a)より求まる上下の許容サイズを指定するが、この間隔はサイズ公差に等しい。

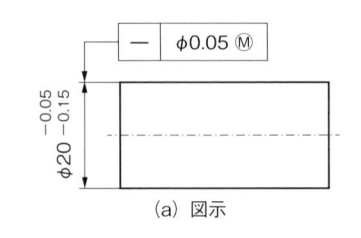

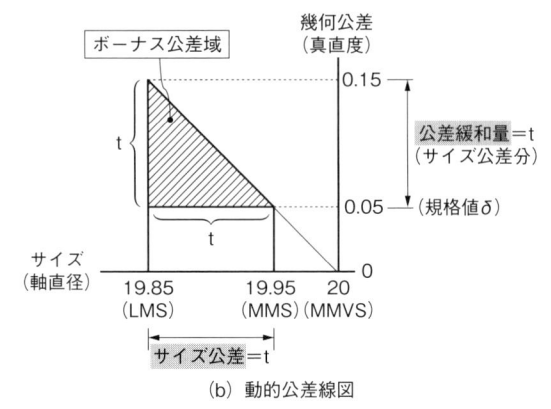

(a) 図示

(b) 動的公差線図

図8.11 軸の動的公差線図

　軸の場合、最大実体サイズ（MMS）は上の許容サイズ、最小実体サイズ（LMS）は下の許容サイズとなる。

　縦軸は幾何公差値で、規格値δと、これに公差緩和量（サイズ公差分）を加算した値の2つを指定する。

　同図(b)で網掛けした三角形領域を、ボーナス公差域とも呼ぶ。

　同図に示したように、公差緩和量はサイズ公差に等しいため、ボーナス公差域は必ず直角二等辺三角形となり、この三角形の斜辺の延長と横軸が交わる点が、最大実体実効サイズ（MMVS＝MMS＋δ）になる。

　穴の場合も同様に考えるが、前述したように、軸と穴ではMMSとLMSの大小関係が逆となることと、MMVS＝MMS－δであることに注意する。

　図8.12は、穴基準すきまばめの公差クラスを適用した場合の動的公差線図の例である（横軸は、図示サイズを0基準とした許容差の目盛としてある）。

　同図において、軸と穴の最大実体実効サイズ（MMVS）が一致していることに注意する。

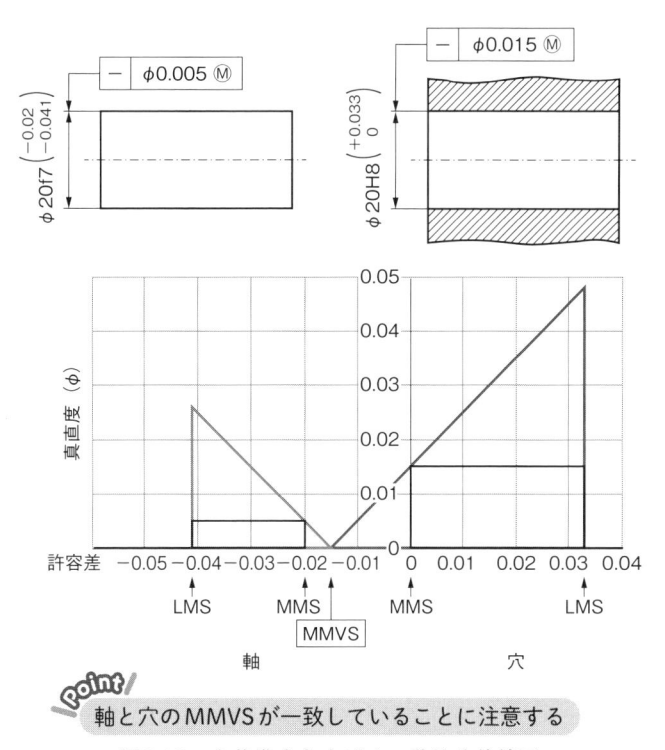

軸と穴のMMVSが一致していることに注意する

図8.12　穴基準すきまばめの動的公差線図

　この幾何公差設定は、公差内でどのようにばらついてもはめあいが成立する条件だが、実設計においては製造コストや歩留まりの考慮も重要であり、前述したように、指定したばらつき範囲内（例えば±3σ）で、はめあいが成立するような幾何公差設定を検討すべきである。

　したがって、動的公差線図より求まる幾何公差値は、その値以下にする必要のない下限値として扱い、適切な値を公差計算により決めた方がよい（ミニコラム参照）。

8.3　機能ゲージ

　ここでは、MMRを適用した部品の一般的な検査手順と、MMRの特徴を生かした検査方式について解説する。

● 8.3.1　最大実体公差方式での部品検査

図8.13の軸部品を例に一般的な検査手順を考えてみる。

MMS、LMSおよびMMVSは図中に示した値となる。

この部品の検査内容は、同図中にも示したように、例えば次のようになるであろう。

①直径サイズの測定（LMSからMMSの間にあること）

②測得データから当てはめ円筒の直径を算出（最小外接円を計算）

③その直径に対応した許容真直度を、動的公差線図などを用いて算出

④当てはめ円筒の真直度を測定し、それがボーナス公差を含めた許容真直度公差内であることを確認

MMRによる合否判定に対応した測定システムであれば、上記の一連の作業を自動でやることは可能と思われるが、単にはめあいが成立しさえすればよい、というもともとの設計意図に対して、測定内容が煩雑な作業となる（＝検査コストにはね返る）とも言える。

MMRを適用した部品が設計意図通りにできているかどうかは、はめあいが成立することを保証できる、仮想の相手部品を準備し、それとの嵌合を確認すれば十分なはずである。

● 8.3.2　機能ゲージの利用

8.2節での説明から、MMRを適用した形体は最大実体実効サイズ（MMVS）の形体に対して、確実なはめあいが成立することがわかる。

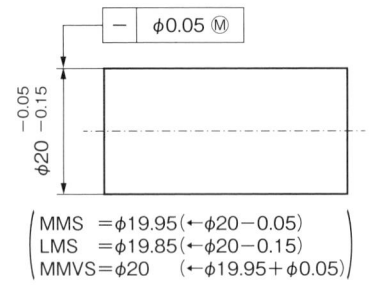

MMS　＝φ19.95（←φ20−0.05）
LMS　＝φ19.85（←φ20−0.15）
MMVS＝φ20　　（←φ19.95＋φ0.05）

① 直径サイズの測定
② 測得データから当てはめ円筒の直径を算出
③ ②の直径に対応した許容真直度を算出
④ 当てはめ円筒の真直度を測定し③の結果と比較して合否判定

図8.13　MMR適用部品の一般的な検査手順

　つまり、MMRを適用した部品の検査に、この最大実体実効サイズで作製した検査治具を用いることで、合否判定が簡単に行えるわけである。

　この検査治具のことを「機能ゲージ」と呼ぶ。

　図8.14は、図8.13の軸部品の検査用の機能ゲージと、動的公差線図を用いた合否判定の例である。

　この機能ゲージ（同図(a)）は、検査対象部品の最大実体実効サイズの直径の穴を持つが、この穴の直径サイズ、円筒度および中心線の真直度は、合否判定に影響しない程度の高い精度で仕上がっていることが条件となる。

　実際の運用では、最初にGo/No-Goゲージ（通り止まりゲージ、限界ゲージ）を用いて、軸の直径が規格内であることを確認した後で、機能ゲージにより適切なはめあい形状に収まっているかを確認する。

　もし、機能ゲージがガタ寄せしても通らない場合は、その軸の真直度が前述のボーナス公差域を外れているということになる（同図(b)）。

　図8.15に、図8.10(a)の段付き軸の場合の機能ゲージの例を示す。

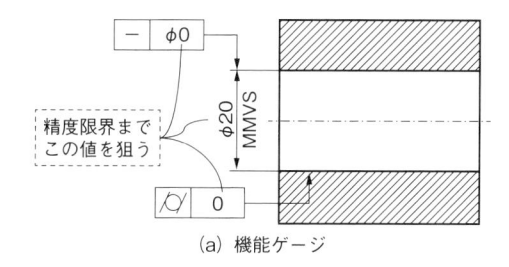

(a) 機能ゲージ

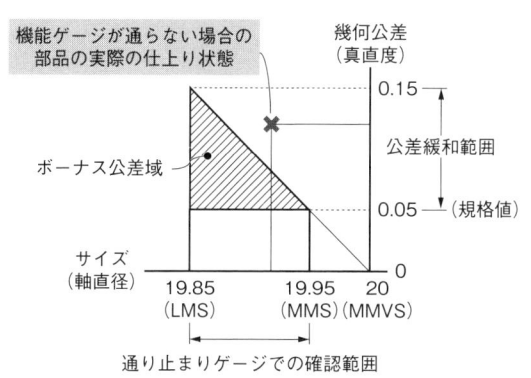

(b) 動的公差線図での確認例

図8.14　機能ゲージと合否判定

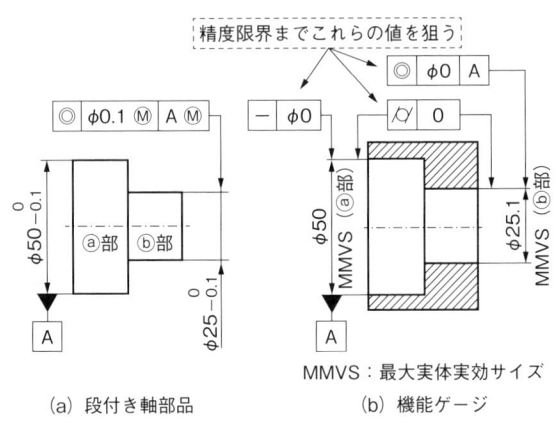

(a) 段付き軸部品

(b) 機能ゲージ

MMVS：最大実体実効サイズ

図8.15 段付き軸部品と機能ゲージの例

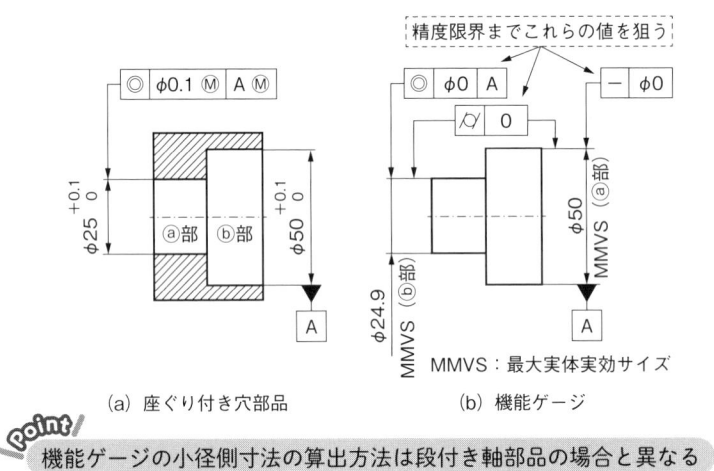

(a) 座ぐり付き穴部品

(b) 機能ゲージ

MMVS：最大実体実効サイズ

Point! 機能ゲージの小径側寸法の算出方法は段付き軸部品の場合と異なる

図8.16 座ぐり付き穴部品と機能ゲージの例

　同図(a)に示すように、この部品はデータムにも⑭指示がされているため、データムが指示された⑧部が嵌合する機能ゲージの座ぐり部直径を、⑧部のMMVS（＝MMS）とする（同図(b)）。

　座ぐり付き穴部品に対する軸型の機能ゲージも、同様な考え方で作製するが、その一例を**図8.16**に示す。

　軸と穴では幾何公差を含むMMVSの算出方法が異なり、本例の穴部品用の機

能ゲージの小径側（ⓑ部）の直径寸法（MMVS）が、[穴側のMMS]−[幾何公差値]となっていることに注意する。

まとめ

　最大実体公差方式（MMR）は、すきまばめのはめあいを確実に成立させるための方法である。

　その基本的な考え方は、嵌合が成立しさえすればよい、という合理的な設計思想に基づいている。

　MMRを適用した部品には、機能ゲージと呼ばれる一種の限界ゲージを用いることで、検査の効率化を図れる。

　ただし、公差値の設定には、コストや歩留まりを考慮した公差計算を確実に行うことが重要である。

　第5章から本章にかけて、サイズ公差や幾何公差に適用される、主要な付加記号の意味と使い方について解説したが、紹介しきれなかった記号については、他書や規格書を参考に理解を深めておいていただきたい。

　次章では、設計時に便利な、幾何公差指示の定石手法について、事例を交えて解説する。

ミニコラム

はめあい公差の計算例

　8.1.6項の終わりで解説した、はめあいにおける幾何公差値の計算例を示す。基本となるのは、ばらつきが正規分布することを前提とした公差計算方法である。

　図8.17に軸と穴のはめあいの図例を示す。

　同図(a)は、はめあい計算のモデルで、添字のsとhはそれぞれ軸と穴を意味し、寸法と公差および幾何公差（中心線の真直度）を与えてある。なお、幾何公差値は簡単にするため、軸と穴とも同じ値とする。

　ギャップの設計中心値（クリアランス＝設計ガタ）は、次式で与えられる。

$$g = d_{0h} - d_{0s}$$

同図(b)に示すように、ギャップの大きさが設計中心から正規分布でばらつくとして、標準偏差 σ、確率変数 K_p を用いて、次式の関係を考える。

$$g - K_p\sigma = 0$$

これは、ギャップの許容ばらつきの下限値がゼロとなる条件である。

また、幾何公差を含めたばらつきの二乗和平方根（RSS）は、

$$t_{RSS} = \sqrt{t_s^2 + t_h^2 + 2(a/2)^2}$$

で表され、このばらつきが $\pm 3\sigma$ に収まるためには、次式を満たす必要がある。

$$t_{RSS} = 3\sigma = 3g/K_p$$

したがって、幾何公差値は次式で求まる。

$$a = \sqrt{2(t_{RSS}^2 - (t_s^2 + t_h^2))} = \sqrt{2((3g/K_p)^2 - (t_s^2 + t_h^2))}$$

特に、$K_p = 3$ とした場合（-3σ の時にギャップがゼロ）は、

$$a = \sqrt{2(g^2 - (t_s^2 + t_h^2))}$$

この式に、図8.6の各数値を当てはめると、$a = 0.0206$ を得る。

	軸	穴
直径	d_{0s}	d_{0h}
公差	$\pm t_s$	$\pm t_h$
幾何公差	a	a

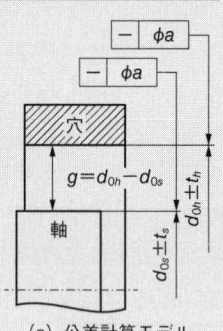

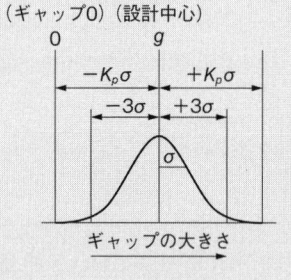

(a) 公差計算モデル　　　(b) ギャップのばらつき分布

Point
寸法のばらつきは正規分布すると考える

図8.17　軸と穴のはめあい公差計算

第 9 章

幾何公差指示の定石編
「頻出の指示方法は定型化する」

　互いに組み合わさる部品の設計では、両者の位置決めを確実にするための構造的な要件が必要となる。

　中でも、穴と軸のはめあいによる組合せは、機械設計では頻出の要件であるため、その指示方法を定型化しておくことは、設計の標準化を進める上でも重要である。

　本章では、この組合せ部品の位置決め方法から代表的な2種類、「丸─長穴」と「通し穴」を取り上げ、それらに用いられる穴（形状要素）に対して幾何公差指示を行う場合の定石手法を紹介する。

9.1　丸—長穴による位置決め

丸穴と長穴（長円の穴、スロット）を用いた位置決めは、並進・回転のガタを最小にする取付け手段として多用される（**図9.1**）。

図9.2に、長穴の代表的な種類を示す。

同図(a)の長円は切削穴や射出成形品の長穴に、また同図(b)のダブルDカットは主に板金プレス部品の長穴に用いられる。

丸穴同士による位置決めと異なり、構造上穴間ピッチの変動（ばらつき）を考慮する必要がないため、部品間のガタや相対姿勢の誤差を極限まで抑え込むことが可能である。

なお、長穴の長さは軸間ピッチのばらつきを考慮の上、必要最小限とするとよい。

以降では、丸—長穴の配置パターン別に、幾何公差指示の定石を解説する。

● 9.1.1　水平/垂直配置

図9.3は、丸—長穴が水平に配置されている場合の、データム設定と穴aの位置度指示を行った例である（丸—長穴が垂直に配置されている場合も、同様の図示方法をとる）。

なお、紙面に垂直な方向の自由度は、図示しないデータムにより拘束されているものとする（以降も同様）。

データムBは丸穴の中心線、データムCは長穴の中心面を指示しており、この2つのデータムにより形体の面内の並進・回転移動が拘束されている。

穴aの中心線の位置は、これらデータムBとCを参照した位置度によって規制される。

同図のデータムCは、厳密には長穴の対向する2面の中心面であるが、実際

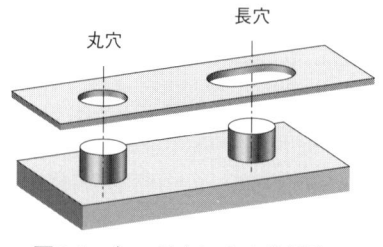

図9.1　丸—長穴による位置決め

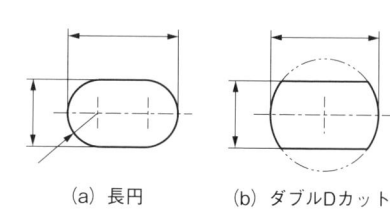

(a) 長円　　　　(b) ダブルDカット

図9.2　長穴の種類

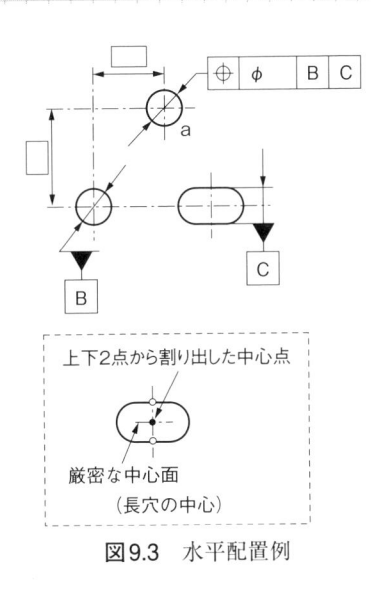

図9.3 水平配置例

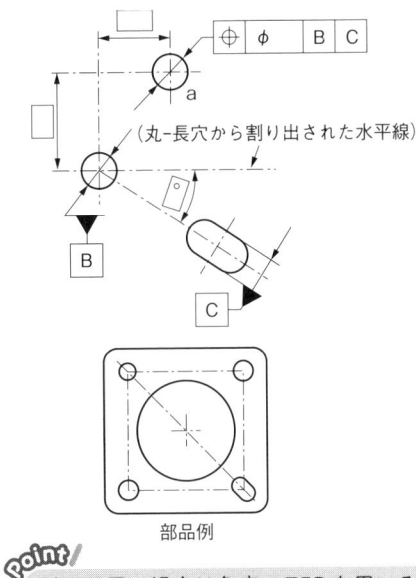

部品例

Point!
斜め配置の場合は角度のTEDを用いる

図9.4 斜め配置例

に用いられる長穴はこの長さが短く、測定で中心面を割り出すことが困難なことも多い。

そのような場合は、同図下に示したように、長穴の対向する面の中点付近から中心点を割り出して、これをデータムとする方法を用いてもよい。

これは以降の説明中の長穴に対しても同様である。

● **9.1.2 斜め配置**

図9.4上は、丸—長穴を水平線から角度を付けて配置した例で、実際の設計でも比較的多く見られる。

例えば同図下のように、部品を4点で位置決め固定するような構造で、対角の2点を丸—長穴で位置決めし、ほかの2点をねじ止め固定する場合がこれに相当する。

同図では前記と同様、データムBとCを用いて形体の並進・回転移動が拘束されているが、これらを用いて水平線を割り出す角度に対して、TED角（四角枠の角度寸法）を指定している点に注目する。

このTED角を記入することで、穴aの位置は図9.3と同様、データムBとCを

参照した位置度により規制される。

　ここでの位置度は3つのTEDを参照することに留意する。

　ちなみにこの配置の例で、TED角を0°（暗黙的なTED）とすれば前記の水平配置と同じになる。

● 9.1.3　オフセット配置

　図9.5上は、丸穴に対して長穴がオフセットした位置に配置されている例である。

　前の2例では、長穴の長手方向の中心線は丸穴の中心に向いていたが、このオフセット配置では中心線の方向がずれていることが特徴である。

　このような配置は、同図下のような形状の部品の位置決め設計時には度々現れる。

　丸穴中心のデータムBにより、回転自由度のみが残るため、長穴の中心線に対して位置度を指示することで水平方向の姿勢を決めている。

　しかし実際には、長穴の中心線は一般に短いため、水平の基準とするには十分とは言えない。

　長穴の長さを長めにとる方法もあるが、設計の自由度が制限されかねないため、良策とは言えない。

　このようなオフセット配置の場合に、水平方向の姿勢を決める方法の1つとして、**図9.6**に示すような捨て穴の設置がある。

　捨て穴は、部品の方向を決めるために必要十分な位置とサイズであればよく、幾何学的な精度は問わない。

　この捨て穴に対してデータムCを設定し、これとデータムBを用いて、面内の並進と回転の自由度を固定した上で、長穴の中心線（実質的にはほぼ点と考えてよい）までの距離を位置度で指示し、それをデータムDとすることでデータム系を確立する。

　なおこの図例では、長穴の位置を指示する上で、データムBとCに優先順位はないため、2つの記号をハイフンでつないで共通データムとしてある。

　その後は、データムBとDを参照して、ほかの形体の位置や姿勢を規制することになる。

　ちなみに、図9.3で例示した丸―長穴の水平配置は、図9.5や図9.6でオフセッ

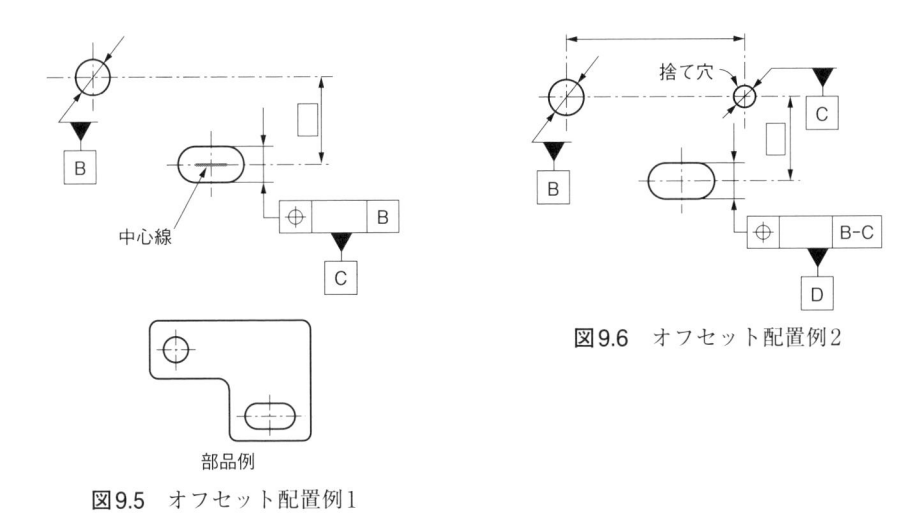

図9.6　オフセット配置例2

図9.5　オフセット配置例1

ト距離のTEDをゼロとした特別な場合であるとも解釈できる。

9.2　通し穴

　通し穴（貫通穴）は、1本の軸が対向する2つの穴を共有・貫通する形で使用される場合に多く用いられ、軸の空間的な位置決めを行う方法の1つである（本書では、コの字形状に対して貫通させた穴のことを通し穴と呼ぶ）。

　図9.7に、一般的な通し穴の図示例を示す。

　この例では、2つの同径の穴が取付面から同じ高さにあることをサイズ公差により指示しているが、両穴の中心線のずれや取付面からの高さのばらつきや

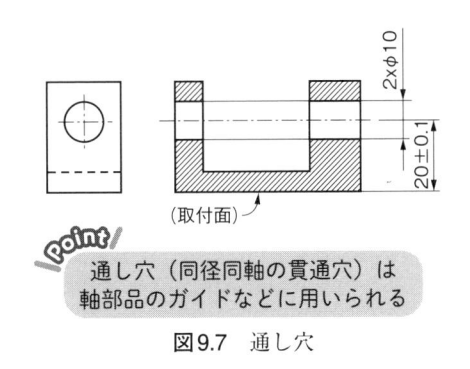

Point

通し穴（同径同軸の貫通穴）は
軸部品のガイドなどに用いられる

図9.7　通し穴

姿勢について何らの規制もないため、これに挿入される軸が設計意図通りに機能するかどうかはわからない。

そのため、通し穴としての機能を満足させるよう、適切な幾何公差指示を用いる必要があるが、その中でも特に重要となるのは、共通公差域（CZ）の指定である。

以降では、いくつかの通し穴のパターン別に、幾何公差指示の定石を解説する。

● 9.2.1 同径同軸穴

図9.8は、いずれも図9.7の図示例に幾何公差および共通公差域を追加指定した例である。

CZ指示があることから、この部品の穴には軸が挿入され摺動する構造であることが読み取れ、加工や測定に際してもその構造要件に配慮した方法が選択されるはずである。

同図(a)は、通し穴への最も単純な幾何公差指示で、2つの穴の中心線に共通公差域を持った真直度が指示されている。

2つの穴を通る軸は単一の直径であるが、取付面に対する姿勢や高さ（位置）はさほど重要ではなく、軸が引っかかりなく挿入できさえすればよいという指示になる。

これに対し同図(b)は、取付面をデータム参照した平行度指示により、両穴の中心線の姿勢（データムに対する傾き）も規制している。

さらに同図(c)は、穴の高さ寸法をTEDにして位置度指示することで、姿勢に加えデータムからの位置も規制している。

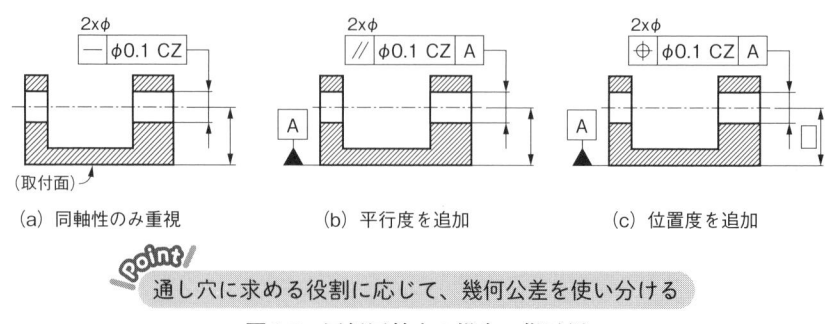

(a) 同軸性のみ重視　　　(b) 平行度を追加　　　(c) 位置度を追加

通し穴に求める役割に応じて、幾何公差を使い分ける

図9.8　同径同軸穴の場合の指示例

　これより、図の(a)から(c)に向かうほど、挿入される軸の役割（機能）が増していることがわかる。

　いずれにしても、通し穴の使われ方（設計意図）が読み取れるように、幾何公差指示を適宜選択することが重要となる。

● 9.2.2　異径同軸穴

　図9.9は、相手軸が段付き軸の場合を想定した、異径同軸穴の通し穴の図示の一例である。

　同図(a)は、2つの穴に優先順位を設定した例で、この場合は共通公差域は指定していない。

　まず、大径穴の中心線に平行度を指示し、これを第2基準としてデータムBを設定する。

　次に、小径穴の中心線に対して、データムBを参照した同軸度を指定している。

　これには、大径穴の中心線はデータムAとの平行度を優先するが、小径穴の方は大径穴の中心線とのずれを最小限としたい（姿勢については大径穴に準じる）、という設計意図が盛り込まれている。

　段付き軸のデータムAに対する姿勢は、大径穴側が受け持っているという点に注意する。

　一方同図(b)は、CZを用いて2つの穴の中心線間に共通公差域を指定し、平行度を指示した例である。

　この場合は、大小どちらの穴も、データムAに対する平行度が同程度に規制されているため、挿入される軸のデータムAに対する姿勢が最優先とされてい

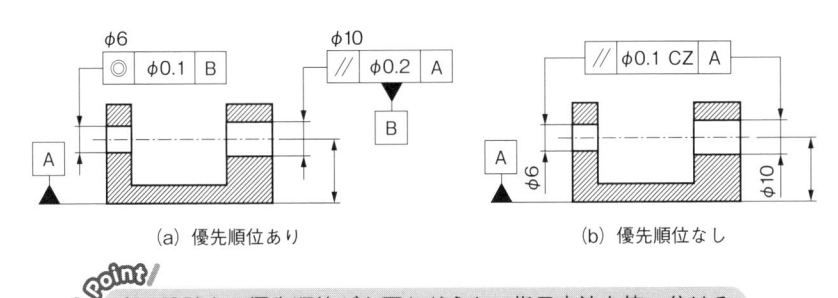

(a)　優先順位あり　　　　　　　　　(b)　優先順位なし

Point
穴に設計上の優先順位が必要かどうかで指示方法を使い分ける

図9.9　異径同軸穴の場合の指示例

ることが、図面から読み取れる。

　ちなみに、平行度を位置度にし、データムＡから中心線までの寸法をTEDとすれば、さらに幾何精度を要求した指示となる。

　以上、図9.8や図9.9のように、幾何公差指示には色々なパターンが考えられるが、大切なのは設計的に重要かつ管理すべき部分はどこであるかを、必要かつ最小限に指示することである。

　部品の使われ方によっては、図9.7に示したようなサイズ公差だけで指示すれば十分なケースもあり得る。

　過剰品質に陥らないような設計を心がけることも大切である。

● 9.2.3　穴形状の規制を強化する例

　図9.10は、穴のサイズ形状への規制を強化した指示例である。

　同図では両例共、記号CZを用いて2つの穴に共通公差域を指定した位置度を指示している。

　同図(a)は、同径同軸穴の例で、2つの穴にははめあい公差クラス（H7）を指定してあり、GXにより最大内接円がこの公差クラスを満たしていること、更にCTにより2つの穴が共通円筒面を形成するよう指示している。

　ここでCT（common feature of size tolerance：連続サイズ形体の公差）は、第5章で紹介した記号で、サイズ公差指示された同じ寸法の複数の形体に対して、それらが共通の公差域を有することを追加で指示するものである（JIS B0420-1:2016 7.7を参照）。

　これは、幾何公差におけるCZの概念を、サイズ公差に適用したものと考え

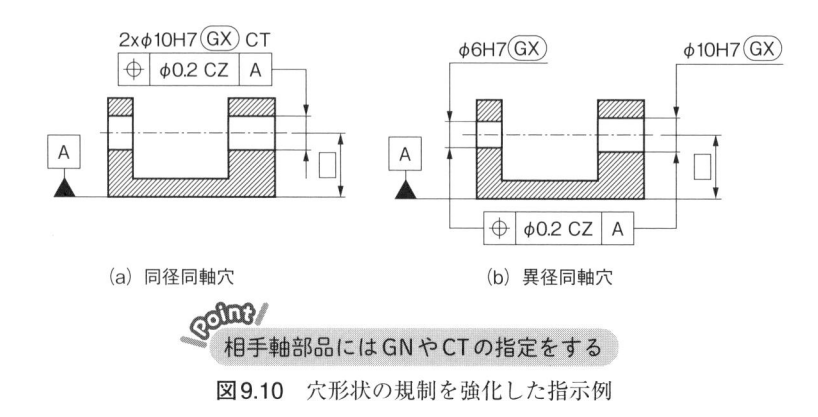

(a) 同径同軸穴　　　　　　　(b) 異径同軸穴

Point!
相手軸部品にはGNやCTの指定をする

図9.10　穴形状の規制を強化した指示例

てもよい。

　なお、この図のCZの指示はあくまでも穴の中心線（誘導形体）に対するものであり、CTの指示は穴の円筒面（外殻形体）に対するものであることに改めて注意する。

　同図(b)は、異径同軸穴の例で、同図(a)と同様、穴サイズに対してGXの指示をしたものである。

　穴径が異なるため同図(a)のようなCTの指示が使えないが、相手軸との摺動性を十分確保したい場合は、真円度や円筒度などの表面形体（外殻形体）に対する幾何公差による規制も必要に応じて検討する。

　なお第7章でも解説したが、穴と軸の組合せの場合は、穴側にGX（最大内接）、軸側にGN（最小外接）というように、ペアで指示する必要があることに注意する。

　通し穴の中心線の位置や姿勢に加え、穴のサイズや形状に対してもあいまいさを排除して、高い精度を要求する場合には、ここで紹介した指示方法も選択肢の1つとなる。

まとめ

　機械設計で頻出する部品の位置決め指示に幾何公差を活用することで、部品間のガタや相対姿勢を設計意図に沿った形で規制できる。

　代表的な位置決め手法として、丸―長穴および通し穴による位置決めを取り上げ、形状要素である穴の基本的な配置・構成パターン別に、幾何公差を適用する上での定石を説明した。

　このような定石を活用することで、設計の一部を定型化し、ある種の（多くの場合、属人的な）設計上のブレを最小限にできる。

　ただし、幾何公差指示を用いる場合は、設計意図に基づきパターン別に適切なものを選択し、機能とコストを両立させることを常に意識する必要があることにも留意する。

　なお、本章で紹介した穴と軸による位置決め構造に限らず、製品形態や部品の機能要件によって、形状要素の配置設計がパターン分類可能なケースも多々あるため、企業や設計部署内において設計の標準化に取り組む際にはその点も考慮するとよい。

次章では、幾何公差を指示した図面で多く見られる、間違い事例について解説する。

ミニコラム

長穴

　本章で解説した長穴は、JISの製図規格（B0001:2019）の解説では長円の穴と記述されているが、図例上ではSLOTと記載され、注意書きに「長円の穴と指示してもよい」とある。

　JISのほかの規格を見ると、長穴との記述がかなり多いが、こと機械製図においては、SLOT表記を第一優先とすべきなのかもしれない。

　さて、切削でこの長穴を加工するには、フライス盤でエンドミル加工するのが一般的だが、単純な丸穴を開けるよりは多少手間と時間がかかるため、大量に生産する場合は加工コストのことも考える必要はある。

　とは言え、丸穴2つによる位置決めは、穴径と穴間ピッチの両方に注意深い公差設定が必要で、高い加工精度が要求される結果として、それなりのコストがかかることもあり得る。

　一方、射出成形（ダイキャスト、モールドなど）や、板金（プレス）加工での長穴使用は、金型側の加工によるため、部品単価への影響はほぼないと考えてよい。

　いずれにせよ、長穴の長さは相手部品の軸間ピッチの誤差を十分吸収できる程度の大きさに留めるべきであろう。

第 **10** 章

幾何公差の間違い事例編 「幾何公差を正しく使う」

　幾何公差の文法・作法を修得し、いよいよ実図面に適用する段階に入ると、最初のうちは、覚えたての技法をふんだんに用いた図面を作成しがちである。

　本書でも何度か触れてきたが、幾何公差は形体定義のあいまいさを排除し、設計意図を正しく次の工程に伝達させるための重要な手段である。しかし、幾何公差の過度な使用は、本来設計者が意図したもの以上に過剰な仕様の部品設計を招きかねないため、注意が必要である。

　さて、品質とコストのバランスを意識した、幾何公差利用のいわゆる「さじ加減」がわかってくると、次に表面化する問題が、幾何公差の間違った使い方である。

　幾何公差に限った話ではないが、慣れてくるほど勘違いやうっかりミスが多発するようになる。

　幾何公差の指示上の間違いの多くは、部品の仕上がりに重大な影響を及ぼすものではないが、意図しない仕様となるケースも少なくない。

　本章では、筆者がこれまで見てきた数多くの図面で確認した、幾何公差図面での間違い事例をまとめたものを紹介する。

10.1　よくある間違い—文法編

　ここでは、幾何公差の規格に沿っていない文法的な間違いの中から頻出の項目を紹介する。

● 10.1.1　平面度

　平面度は平面の形状偏差を規制する（**図10.1**）。

　形状偏差は面やエッジなどの形体自体の、理想的な形状からのずれであり、別の形体を基準として評価されたものではない。

　したがって、データムを指示された形体を参照することはない。

　なお本図以降、参考のため、☆印を使って要注意度レベルを示してある。

　☆（塗り潰し）の数が多いほど、間違えやすく要注意であることを意味する（ただしあくまでも筆者の主観に基づくものである）。

● 10.1.2　真円度/円筒度

　真円度/円筒度は円筒面の形状偏差を規制する（**図10.2**）。

　これも前記の平面度と同様の理由から、データムを参照することはない（同図左）。また、規制しているのは表面形体であるため、同図右のように、直径寸法線に揃えないで配置する。

　これらの間違いは、真円度や円筒度を同軸度/同心度と混同している場合に多い。

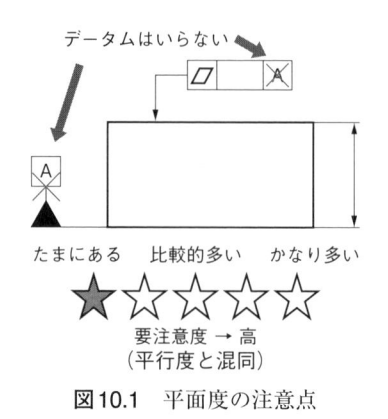

図10.1　平面度の注意点

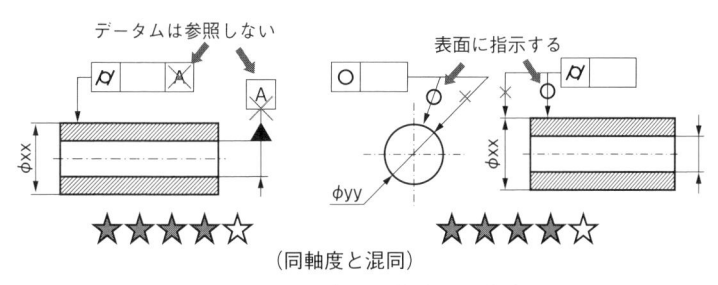

図10.2　真円度、円筒度の注意点

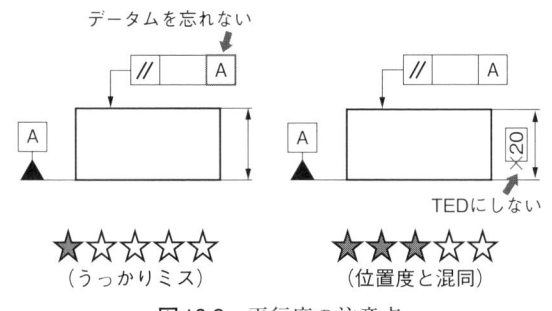

図10.3　平行度の注意点

● 10.1.3　平行度

　平行度は基準に対する姿勢偏差を規制する（**図10.3**）。

　姿勢は、何かを基準にして平行か否かを判断するため、平行度は必ずその基準としてのデータムを参照する（同図左）。

　この間違いは滅多にないが、同じ姿勢偏差の直角度や傾斜度にも当てはまるので注意する。

　平行度でたまに見かける間違いに、位置度と混同しているケースがある。

　同図右のように、平行度を指示した面への寸法はサイズ公差による寸法であり、TED（理論的に正確な寸法）にはしない。

● 10.1.4　傾斜度

　傾斜度は基準からの姿勢偏差を規制する（**図10.4**）。

　同じ姿勢偏差の仲間である平行度は、平行2平面間の距離のサイズ公差による寸法指示だが、傾斜度の場合は、角度寸法を必ずTEDにする（同図左）。

　ちなみに、第4章で解説したように、平行度が指示された2平面の間には0°

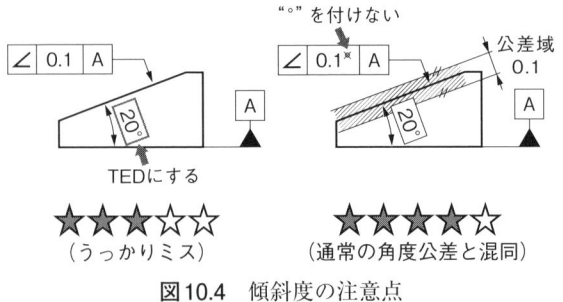

図10.4 傾斜度の注意点

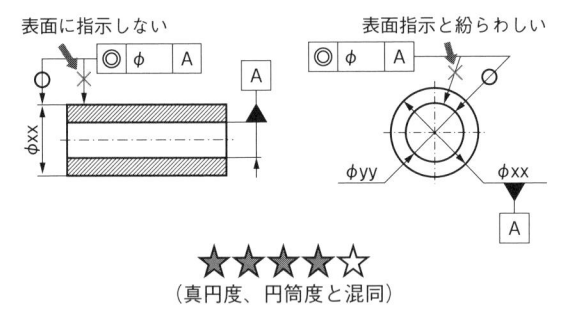

図10.5 同軸度、同心度の注意点

のTEDが暗黙的な角度寸法として存在するが、一般にそれは図示されないため省略されている、と解釈する。

　傾斜度で比較的多い間違いは、公差値に角度記号を入れるケースである（同図右）。

　幾何公差は平行な2平面あるいは曲面の間、または円筒や球状の空間の公差域のみを持ち、角度による指示はしない。

　なお同図に示すように、傾斜度の公差域は、斜面をはさんだ平行2平面の間であることに注意する。

● 10.1.5　同軸度/同心度

同軸度/同心度は中心線の位置偏差を規制する（**図10.5**）。

　表面への指示ではないため、幾何公差の指示線は必ず寸法線に揃える。

　同図のような間違いは、同軸度/同心度を真円度や円筒度と混同している場合に多い。

逆に10.1.2項で述べたように、真円度や円筒度の指示先を寸法線に揃える、という間違いもあるため、同軸度/同心度と真円度および円筒度の区別には十分注意が必要である。

● 10.1.6　円筒公差域

円筒公差域は、幾何公差に特有の公差域指定方法である（**図10.6**）。

この公差域で規制するのは、中心線の位置だけであり、表面に対して用いることはない。

図10.6上はサイズ公差で指示した場合の公差域で、この例では、x方向とy方向にそれぞれ幅で0.2の正方形の公差域が設定されている。

同図下は幾何公差で指示した場合の公差域で、位置度の公差値として $\phi 0.2$ を指定している。

この場合の公差域は、TEDで指定されたxとyの理想的な位置を中心とした、直径 $\phi 0.2$ の公差域となる。

サイズ公差による正方形の公差域では、対角方向に公差の緩い領域が生じるが、この円筒公差域にはそれがなく、中心線の位置をより厳密に規制できる。

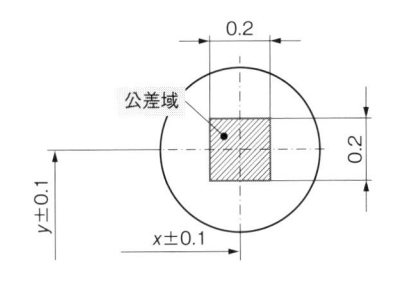

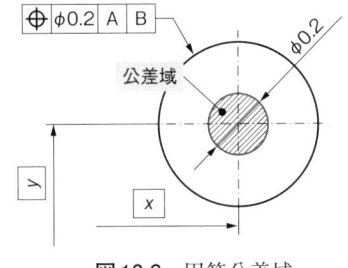

図10.6　円筒公差域

表10.1　円筒公差域の適用表

分類	名称	記号	使用可能	必ず使用	使用しない
形状	真直度	―	○		
	平面度	▱			○
	真円度	○			○
	円筒度	⌀			○
姿勢	平行度	∥	○		
	直角度	⊥	○		
	傾斜度	∠	○		
位置	位置度	⊕	○		
	同心度	◎		○	
	同軸度	◎		○	
	対称度	═			○
振れ	円周振れ	↗			○
	全振れ	⫮↗			○
輪郭	線の輪郭度	⌒			○
	面の輪郭度	⌓			○

　円筒公差域を適用できる幾何公差は限られており、**表**10.1に、それを適用できるものとできないものを比較して示した。

　次に、この円筒公差域の適用で間違えやすい事例を紹介する。

　最初は、円筒公差域を使用可能な幾何公差のグループでの間違いの例である（**図**10.7）。

　多くは、単にφを入れ忘れることだが、意外とこの間違いは多い。

　ここで、同図右の例は注意が必要である。

　この直角度の指示において、φのない場合は、図の左右方向の直角度（中心線の傾き）のみを規制したことになる。

　幾何公差の文法的には間違いはないため、例えば紙面に垂直な方向の中心線の傾きが意図とは異なる可能性がある。

　同様のケースは、同じ姿勢偏差を規制する平行度や傾斜度でもあり、この例のように、円筒公差域を指定するか否かは、設計仕様に合わせて適切に使い分ける必要がある。

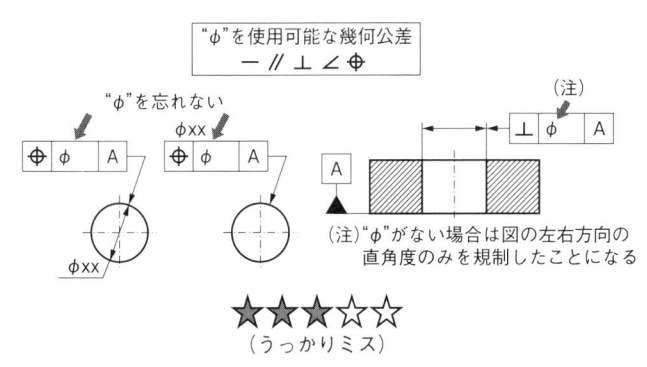

図10.7　円筒公差域の注意点1

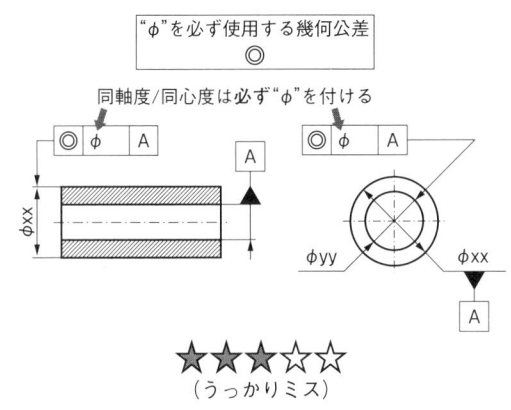

図10.8　円筒公差域の注意点2

　次は、円筒公差域を必ず使用する幾何公差グループでの間違いの例だが、これには同軸度と同心度の2つのみが該当する（**図10.8**）。

　同軸度と同心度は、中心線の位置を方向を問わず規制するため、公差域は必ず円筒公差域であるが、この時に ϕ を付け忘れる間違いが比較的多い。

　ϕ が必須であるため、万が一記入漏れがあっても、それによって別の解釈をされる危険性はほぼないと思われるが、作法として ϕ の抜けはないように気を付けたい。

　最後は、円筒公差域を使用しない幾何公差のグループでの間違いの例である。

　この場合に非常に多いのは、真円度、円筒度や振れの公差に ϕ を付けてしまうケースである（**図10.9**）。

これらの幾何公差は基本的に円形形状に対して用いられるため、φ が必要と勘違いされることが多い。

φ が付くことはないため、前述の同軸度/同心度と同様、別の解釈をされる危険性は少ないと思われるが、作法として気を付けたい。

● 10.1.7　データム

データムは、単に部品の原点基準としてだけではなく、形体の表面や中心線/面の姿勢や位置を規制するための基準でもある。

設計時には多くの場合、最初に基準としてのデータムを配置するが、その際に比較的間違いを生じやすい要素の1つでもある（**図10.10**）。

同図左は、中心線に対して直接データムを指定した例である。

この図例のように中心線を共有する複数の円筒形体がある場合に、どちらの中心線を基準とするのかがあいまいである。

古い規格ではこれでも可であったが、現在は基準とする形体を明確にするた

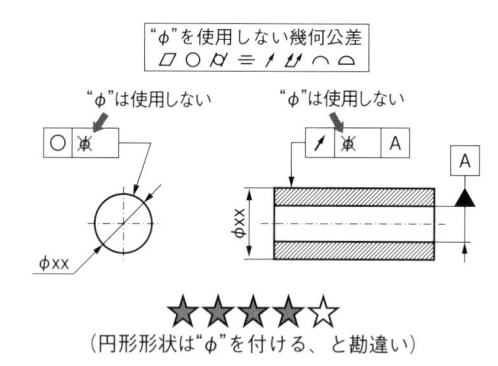

（円形形状は"φ"を付ける、と勘違い）

図10.9　円筒公差域の注意点3

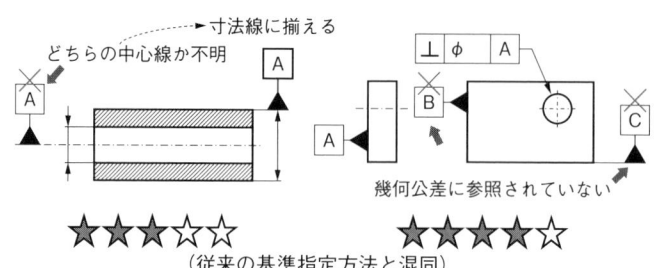

（従来の基準指定方法と混同）

図10.10　データム使用上の注意点

めに、その形体の寸法線に揃えて記入する。

また同図右のような間違い例も多い。

データムは必ず幾何公差によって参照される。言い換えれば、幾何公差に参照されないデータムは、図面上に配置してはいけない。

部品のx、y、zの基準を設定することは普通に行われるが、この図例のように、穴の中心線のデータムAに対する直角度だけが重要な場合は、データムBやCを用いないで、外形基準でサイズ公差を用いた寸法配置をすればよい。

● 10.1.8　幾何公差

幾何公差の歴史は意外と古く、初期には許容されたが現在では不可である表記方法がいくつかある。

図**10.11**はいずれも古い指示方法の例である。

同図左は、中心線に直接指示した例であるが、データムの項で述べたように、現在はこのような指示方法ではなく、寸法線に揃えて記入する。

同図中央は、幾何公差とデータム記号を一体化した表記方法であるが、現在は、データムは指定文字を伴った記号を用いて明示的に指示する。

同図右は、データム記入枠内に複数のデータム文字を入れた例で、現在は、データムの並び順により優先順位が決まるというルールを明確にするため、文字は個別の枠に記入する。

なお、共通データムは1つのデータムとして扱われるため、データム文字を（A–Bのように）ハイフンで結び、1つの枠内に記入する。

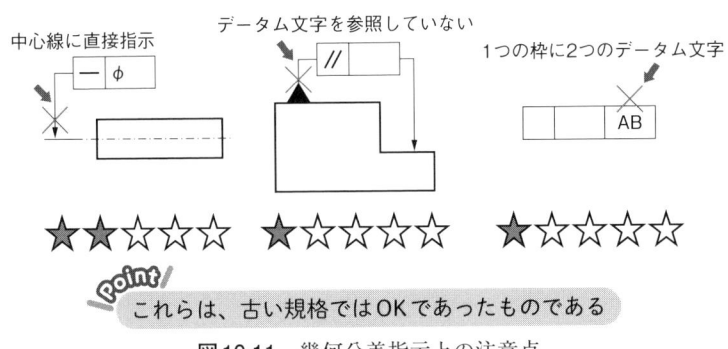

図**10.11**　幾何公差指示上の注意点

以上、幾何公差の文法から外れた使い方について紹介したが、ここで留意しておきたいのは、規格書に書かれていないから文法間違いである、ではないということである。

　実設計では多種多様な形状設計が行われ、規格書にあるような四角や丸だけで表現されるような形状は滅多にないため、この形状にはどの幾何公差指示がよいのかと、戸惑うことも多々ある。

　ここに紹介した事例は、間違えてはいけない最小限の項目に絞ってあり、実設計では厳格に規格通りに使うことまでは考えず、柔軟に規格を解釈することを心がけた方がよいであろう。

10.2　よくある間違い—用法編

　ここからは、文法上の間違いではないが、指示方法によって意味が異なるため、注意が必要なケースを紹介する。

●10.2.1　データム記号の指示位置

　図10.12は、データム記号の指示位置とその解釈を示したものである。

　同図(a)のように、寸法線に揃えて配置した場合のデータムは中心線や中心面である。

　同図(b)のように寸法線に揃えていない場合は、データムは表面形体（この図例では右側面）となる。

　データム記号の配置の位置が少し異なるだけで、形体のどの部分をデータムとして指示しているかの意味が異なるため、注意が必要である。

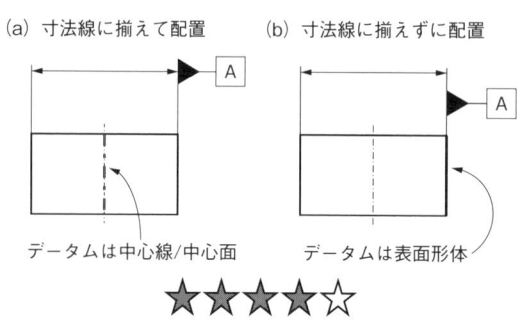

図10.12　データム記号の指示位置と解釈

● 10.2.2　幾何公差の指示位置

図10.13は、幾何公差の指示位置とその解釈を示したものである。

これも前項のデータムの場合と同様で、幾何公差記入枠からの指示線の先が寸法線に揃っているか否かで、どの形体を規制しているかの意味が異なる。

傾向的には、同図(b)の意味合いで(a)のように指示している図面を多く見かけるので、注意が必要である。

● 10.2.3　組合せ幾何公差

ある形体の幾何特性を指示する時に、例えば平面度は厳しく規制したいが、平行度はある程度緩くてよい、という場合がある。

平行度は平面度を含んだ概念であるため、平行度を緩めると平面度も自動的に緩くなる。つまり、平行度だけで厳しい平面度も要求すると、設計仕様としては過度な平行度を設定することになる。

このような場合に使用されるのが、図10.14に示す組合せ幾何公差である。

組合せ幾何公差は、同図右に示す位置、姿勢、形状の各幾何特性を規制する記号を複数組み合せた表記方法であり、それぞれの幾何特性に合わせた公差値を個別に指定する。

同図左は、ブロックの上面に平行度と平面度を組み合せて指示した例である。

この場合の組合せ幾何公差の使用は、対象面の平行度公差0.2に対して、平面度はそれより厳しく規制することが目的であり、この図例のようにどちらも同じ公差値が入っていると、組合せ幾何公差とする意味がなくなる。

この例では、平面度に対して、平行度公差0.2より小さな、例えば0.1などの値が設定されるべきである。

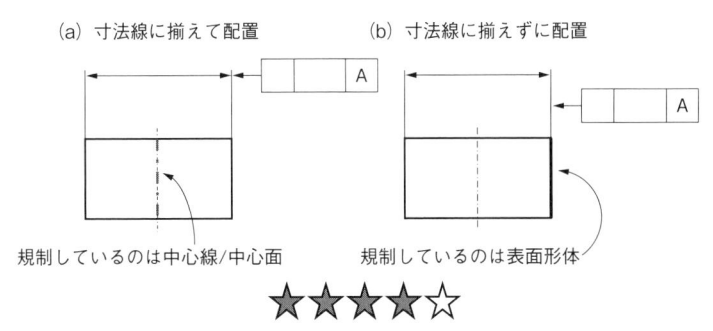

図10.13　幾何公差の指示位置と解釈

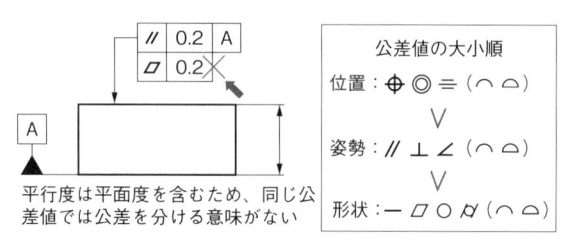

図10.14　組合せ幾何公差の公差値

　組合せ幾何公差を使う場合は、同図右の公差値の大小順に注意して、適切な公差値を与える必要がある。

10.3　よくある間違い—番外編

　以上、本書執筆時点でのJIS規格（JIS B0021など）に沿った、幾何公差の文法上の間違い事例について解説した。

　ところで、幾何公差に関する規格は、JISとISOの改訂年度のずれから若干内容が異なる部分がある。

　ここでは、現状はJIS規格に明記されていないが、今後は許容される見込みの内容について3つほど紹介する。

● 10.3.1　中心面の平面度

　図10.15に、中心面への平面度指示の例を示す。

　同図は平面度を寸法線に揃えて配置した例で、これは現行JISでは規定されていないが、中心面に対する平面度を指示している（同図は、ASME Y14.5Mの図例を引用参照）。

　同図下は平面度と同じく形状偏差を規制する真直度を、中心線に対して指示した例であるが、中心面に対する平面度指示は、この真直度指示例の平面版と考えればよい。

● 10.3.2　結合形体の中心線/面の輪郭度

　図10.16に、結合形体（第11章で解説）の中心線/面への輪郭度指示の例を示す。

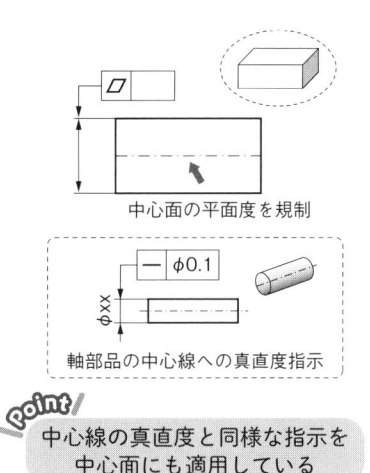

中心面の平面度を規制

軸部品の中心線への真直度指示

Point
中心線の真直度と同様な指示を
中心面にも適用している

図10.15　中心面への平面度指示

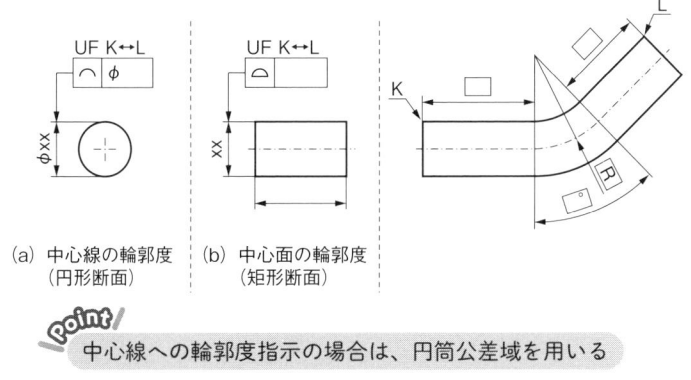

(a) 中心線の輪郭度
（円形断面）

(b) 中心面の輪郭度
（矩形断面）

Point
中心線への輪郭度指示の場合は、円筒公差域を用いる

図10.16　結合形体の中心線/面への輪郭度指示

　同図では、2つの直線部分と1つの円弧部分が連続して結合された形状について、断面が円形の場合と矩形の場合を並べて示している。

　この形状は、輪郭度公差の記入枠上に示されたUF記号と区間指示記号により、区間K～Lにおいて単一の形体とみなされる。

　同図(a)は円形断面の場合で、線の輪郭度を用いて、結合形体の中心線が円筒公差域内に収まることを指示している。

　同図(b)は矩形断面の場合で、面の輪郭度を用いて、結合形体の中心面が公差域内に収まることを指示している。

どちらの例も、従来は外殻形体に対する指示とされていた輪郭度を、中心線や中心面のような誘導形体に対する規制にも適用できるよう、解釈が拡張されている（ISO1660：2017）。

● 10.3.3　拡張された共通公差域の解釈

第5章でも解説したが、共通公差域（CZ）はその適用範囲が拡張されてきているため、今後の活用例として改めて紹介する。

図10.17に、拡張された共通公差域の記載例を示す。

同図(a)は、CZ（共通公差域）を高さの異なる2面に対して指示した例で、これも現行JISには規定がないが、ISO（1101：2017）ではCZを従来のcommon zoneからcombined zoneと呼び方を変え、この図例のように同一平面上にない複数の面に対しても指示できるようになっている。

この解釈は同図(b)に示したように、2つの指示面の傾斜方向が同一になるような輪郭度の規制である。

例えば切削加工の場合、ワークをフライス盤から外すことなく、1回の段取りでの加工と同程度の形状ばらつきとなることを指示したい場合に用いる。

これらの例のように、JISに規定はない（本書執筆時点）が、国際的には許容される表記が存在するため、特に海外との図面のやり取りがある場合は留意しておく必要がある。

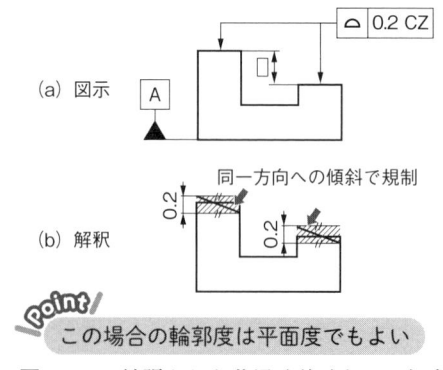

図10.17　拡張された共通公差域とその解釈

まとめ

　本章では、幾何公差を実図面で適用する中で、よく見かける記載ミスの例を紹介した。

　これらの中には、通常であればやるはずのない間違いもあるが、それらの多くは、最後の操作・設定内容を次の操作時にデフォルトとするなどの、CADの補助機能によるケアレスミスもあるので、設計者は注意していただきたい。

　最後に、幾何公差の活用による設計意図の正しい伝達のために、留意しておくべきことをまとめておく。

・基本作法の理解と共有

　幾何公差の文法・用法を、出し側/受け側の双方が正しく理解することが重要である。

　また、相手が解釈に悩むような表現や表記は、極力避けるような配慮も必要であろう。

・幾何公差とサイズ公差の適切な使い分けの理解

　厳格な形体定義にこだわり、図面指示上のあいまいさを徹底的に排除することは、必ずしも量産設計に適しているとは限らない。

　重要管理部位には積極的に幾何公差を適用しつつ、重要度の低い部位にはサイズ公差を使うなど、機能とコストのバランスをとることも重要である。

　そのためにも、今回紹介したような基本的な間違いを防ぐことが大切であり、図面表記にはこれまで以上に細心の注意を払っていただきたい。

　次章では、本書執筆時点では未だJISに反映されていない、ISO規定の幾何公差指示方法の中から有用なものについて、概要と事例を紹介する。

それでも間違える

　通常の寸法と公差だけの図面であっても、寸法抜けや重複指示などいろいろと間違いは犯しがちだが、それらは設計者としての年季が入ってくると徐々に減っていく。

　ところが幾何公差となると、規格書や参考書の精読、セミナー受講などを経ても、設計経験の長短にかかわらずなかなか間違いがなくならない。

　本章の事例でも紹介したが、
- ・記号の使い分け
- ・円筒公差域のφの有無
- ・TEDの有無
- ・指示線の位置

などの注意事項は、頭では理解していても、いざ実際の図面を描く段階になると、抜けてしまう。

　これはあくまでも私見であるが、図面に指示を入れる場合、最初にデータムと幾何公差を優先して入れるようにすればいいのではないかと思っている。

　幾何公差はもともと、形体定義のあいまいさを排除するためにあるのだが、もう一つ、設計的に重要な部位を明確にする、という役割がある。

　つまり、重要箇所から幾何公差指示を入れていき、これでよしとなってから、ほかの寸法や公差を埋めていくという方法も、幾何公差の間違いを減らし、かつ設計意図が伝わりやすい図面に仕上げる上で、有効なのではないだろうか。

　なお余談ではあるが、一般的なCADでは、幾何公差の設定フォームで、最後に入力した値を次にそのフォームを開いた時のデフォルト値としてくれる機能がある。

　ありがちなミスの中には、このCADの親切機能によるものも少なからずあることに注意したい。

第11章

ISO準拠の最新幾何公差定義編
「グローバルな規格を理解しておく」

本書では、主に現行JISの規定に沿った内容の幾何公差作法について解説してきたが、幾何公差を用いた設計手法が機械設計現場に浸透していくのに伴い、JIS規定だけでは十分な設計意図を伝えきれないケースも出てきている。

JISの製図規格は、基本的にISOに準拠したものであるが、内容の精査や和訳作業などにある程度時間もかかるためか、ISOの改訂に対して数年から5年以上遅れて更新されることもめずらしくない。

ISOでは、従来の幾何公差の仕様体系に対して、設計実態に柔軟に対応させるために細かな仕様追加や改正を重ねてきている。

改訂項目の多くは、特に3次元CADによる設計が一般化した現況に対応したものが多いが、それ以外にも有用な改訂内容がいくつかあり、本書内でも適宜紹介してきた。

本章では、すでに解説済みのもの以外で直近で有用と考えられる、ISO（1101:2017）の最新幾何公差定義や指定記号をいくつかピックアップして紹介する。

11.1 幾何特性を厳密に定義する3つの記号

幾何公差の規格は、形体定義からあいまいさを可能な限り除外する方向で整備が進んでいる。

ここでは、比較的新しい定義記号を3つ選んで、各々の使い方や利点を紹介する。

● 11.1.1 連続した形体を指定するUF記号

図11.1に、形状が複数の曲線（空間の場合は曲面）で構成される例を示す。

同図(a)上のように、曲線同士が鋭角に接続されている場合（数学的表現では、C0連続）は、明らかに別々の曲線と認識されるが、同図(a)下のように、接線連続（同、C1連続）で接続されている場合は、見た目には1つの曲線である。

また同図(b)のように、空間的に離れている（不連続な）曲線であっても、個々の曲線が独立していると考えるか、まとめて1つの形体として考えるかで、輪郭形状のばらつきに関する扱いは異なるはずである。

以上は、直線同士あるいは直線と曲線の組合せでも同様である。

ISO規格の現在の考え方では、このように接続が連続であるか不連続であるかにかかわらず、各々の外形線が、独立した（別々の）形体として振る舞うか、1つの連続した（単一の）形体として振る舞うかを区別する。

後者のように、単一の形体（single feature）として扱う場合、これを結合形体あるいは複合形体（united feature）と呼び、幾何公差枠外に記号UFを付加する。

図11.2にその一例を示す。

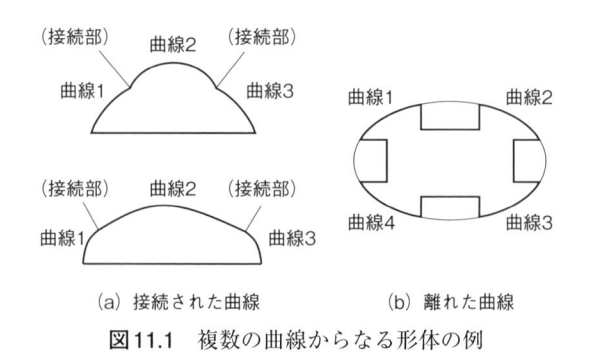

(a) 接続された曲線　　　　(b) 離れた曲線

図11.1　複数の曲線からなる形体の例

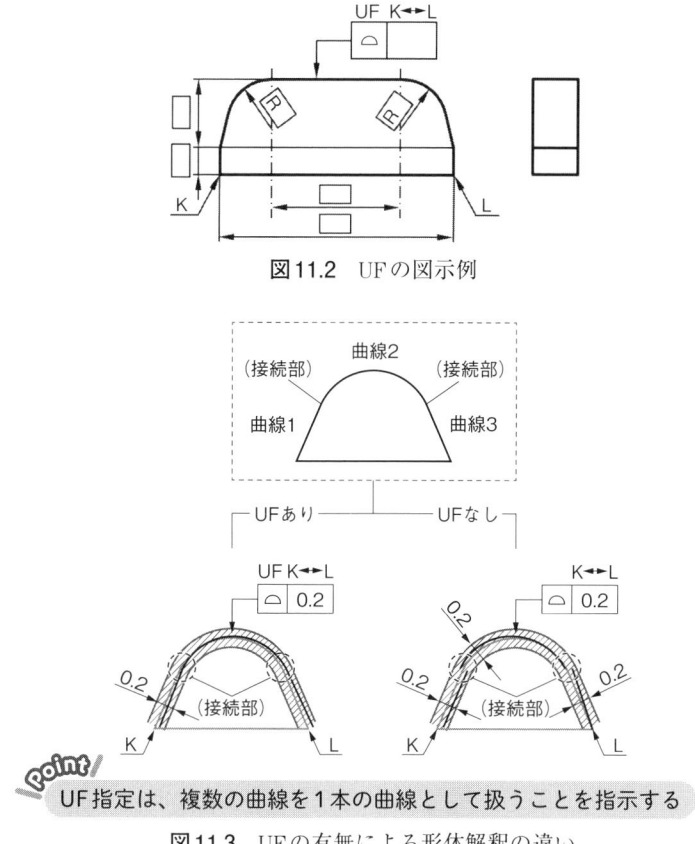

図11.2 UFの図示例

図11.3 UFの有無による形体解釈の違い

Point! UF指定は、複数の曲線を1本の曲線として扱うことを指示する

この例ではUFに続けて区間指示記号（↔：between）を用いて、単一形体と見なす範囲も同時に指示している。

なお、区間指示記号がない場合は、接線連続の区間（図で上半分の区間）を暗黙的な単一形体と解釈してよい。

従来は、直線や曲線が互いに1点で結合しているような場合は、それらをまとめて単一の形体とすることも暗黙の了解となり得たが、現在はあいまいさを取り除くために、単一か独立しているかをUF記号の有無で明確に区別するようになっている。

図11.3にUF指示の有無による解釈の違いのイメージを示す。

UFがある場合は、3つの曲線からなる範囲は単一の形体と見なされ、同じ輪

郭度公差域内で相互の接続関係（前述のC0連続やC1連続）を保ったままばらつくことを要求している。

一方UFがない場合は、各々の曲線は公差域内で互いに独立してばらつくことを許容し、曲線間の段差の有無は問わない。

UF記号を、設計的に段差を許さないカム面や意匠面などに積極的に使用することで、設計意図をより明確に伝えることができる。

図11.4に、UF記号を射出成形で製作される部品に対して使用した例を示した。

射出成形品には、場合によっては体裁面や機能面にPL（パーティングライン：金型の分割線）が現れることがあるが、この部分の段差（一般にグイチとも呼ばれる）を規制したい場合にも、このUF記号は有用である。

なお、このような段差エッジをより厳密に規制したい場合は、JIS B0051：2023に規定されているエッジ記号を用いる方法もある。

● 11.1.2　不均等公差域を指定するUZ記号

図11.5に、幾何公差の公差域を示す。

幾何公差の公差域は、基本的に平行2平面/2曲面や円筒および球の領域であり、正負の概念はない。

図11.6に位置度指示の場合の公差域を示す。

位置度ではこの図の場合、TED位置を中心に片幅0.1の上下均等の範囲に公差領域を持つ（以降の図では、説明に直接関係しない寸法は省略してある）。

この公差域の考え方は、サイズ公差指示の場合の、20±0.1の指示と同じであるが、サイズ公差指示では設計意図として片振りの公差、例えば20＋0.15/－0.05といった指示も可能であるのに対し、幾何公差指示は公差の幅で与えるという原則から、これまでこのような片振り公差指示の手段が用意されていな

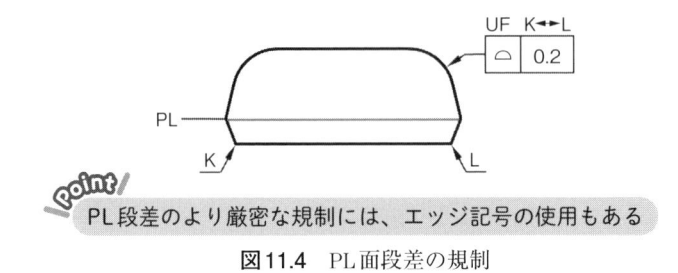

PL段差のより厳密な規制には、エッジ記号の使用もある

図11.4　PL面段差の規制

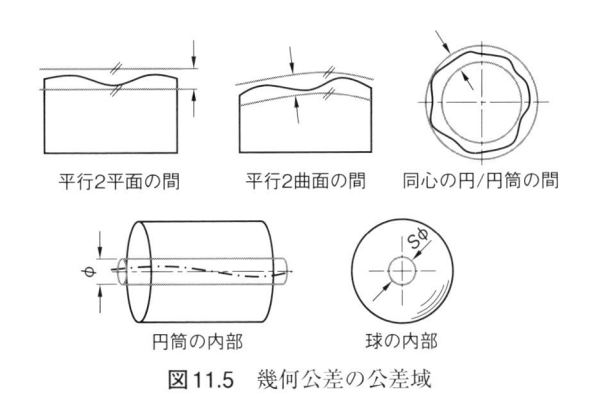

平行2平面の間　　　平行2曲面の間　　　同心の円/円筒の間

円筒の内部　　　　　　球の内部

図11.5　幾何公差の公差域

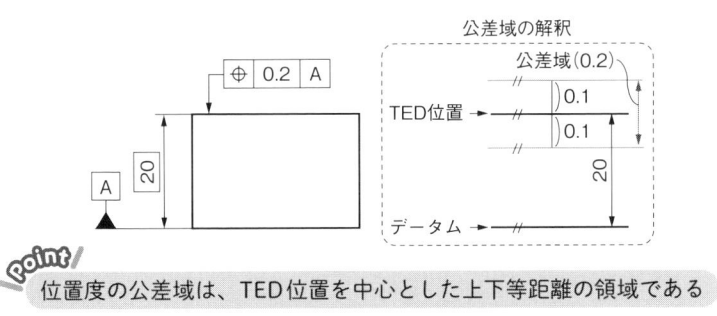

位置度の公差域は、TED位置を中心とした上下等距離の領域である

図11.6　位置度の公差域

かった。

　公差計算上は両振り公差に置き換える必要があるものの、設計意図としてセンター値より少し大きめあるいは小さめを狙いたいケースは少なからずある。

　そこで、現在のISOでは、位置偏差を規制する位置度や輪郭度に対して、片振り公差、つまり不均等公差域を与える指示方法が追加されている。

　図11.7に、曲面への輪郭度に不均等公差指示を追加した例を示す（曲面が連続した単一形体であることを示すため、UF記号も併記してある）。

　同図中、TEF（theoretically exact feature）は"理論的に正確な形体"で、わかりやすく言えばCADデータ上の、形状誤差のない理想面のことである。

　同図に示すように、不均等公差域の指示は記号UZ（unequal zone）に続けて符号付きの数値で行う。

　数値は、公差値の中心のTEFからのオフセット量を示し、符号は形体の内側（材料側）を負、外側を正としたオフセット方向を表す。

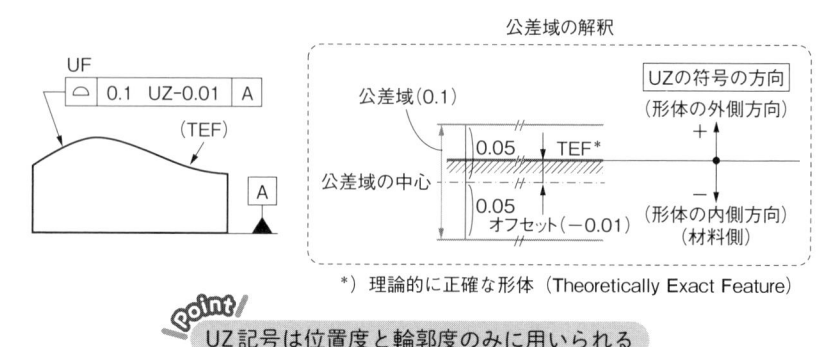

*）理論的に正確な形体（Theoretically Exact Feature）

Point!
UZ記号は位置度と輪郭度のみに用いられる

図11.7 不均等公差指示と解釈

　図例では、公差域0.1の中心位置を、TEFから0.01だけ材料側にオフセットした場所に設定することを示している。

　もし対象面が平面の場合は、位置度を用いても同様の指示が可能である。

　なお、UZは、TEDやTEFにより定義された理論的な中心位置を参照する位置公差（位置度、輪郭度）に対してのみ使用され、姿勢公差や形状公差には適用されないことに注意する。

　このUZ指示には、設計段階での片振り公差指定の用途のほかに、部品完成後（部品検査後）の公差の修正時にも使う方法がある。

　現物の寸法測定の結果、ある箇所の寸法が若干公差を外れていたが、実使用上問題ないため図面側の公差を修正することがある。

　図11.8に、現物に合わせた公差修正の例を示す。

　このような、現物合わせによる図面修正（現合修正）は、同図の例のようにサイズ公差指示の場合であれば比較的簡単に行えるが、幾何公差指示の場合には問題が生じる。

　それは、前述したように、幾何公差の公差域は幅（大きさ）で定義され、プラス・マイナスの考え方がないためである。

　例えば図11.6で、TED20の面の現物の寸法が19.85とわずかに下回っていた場合、それを受け入れるために位置度公差値を0.3に修正すると、データムからの高さを最大20.15まで許容することになり、本来必要のない方向の公差値まで緩和することになる。

　TED20をTED19.95とする方法も考えられるが、これはもはや修正ではなく

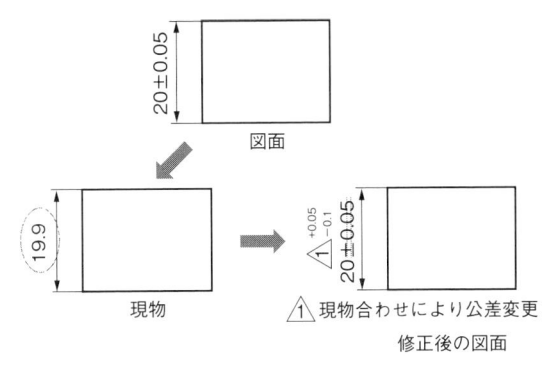

図11.8 現物に合わせた公差修正

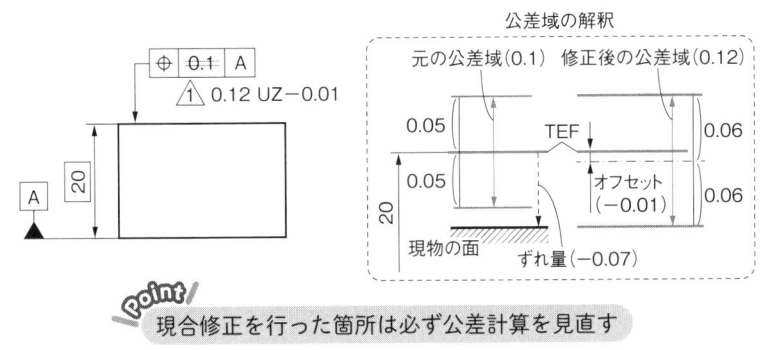

図11.9 片側方向の幾何公差値を緩和する例

設計変更であり、できれば避けたい。

そこで有用な手段として、UZの使用がある。

部品検査時に寸法外れでNGとなり、本来であれば現物を修正したいが、金型の大幅な改修を要するなど、時間とコストの関係からやむを得ず公差を緩めて対応することは少なからずある。

図11.9に示した例は、元は位置度0.1（±0.05の均等公差）を指示していた面の位置が、実測で材料側に0.07低く仕上がっていたが、これを合格としたいケースである。

この場合は、同図右に示したように、材料の外側の公差域は不変とし、内側の公差域だけを現物が合格するように拡げてやればよい。

本例では、位置度公差値は0.1から0.12に増加するが、UZを追加指定することにより材料側の公差域だけを拡大している。

後から緩和できるような公差値であれば、最初から大きめにしておくべきであるとする意見も必ず出てくるが、実設計ではなかなかなくせない修正作業ではある。

そのような場合に、ここで紹介したUZを用いた位置度や輪郭度の公差修正は、（最後の手段として）有効な方法と言えるだろう。

なお重要なことであるが、現合修正を行った箇所は、必ず公差計算を見直して次設計に生かすことを忘れないでいただきたい。

● 11.1.3　曲面の公差域を指定するOZ記号

この記号の説明に入る前に、形状や姿勢を規制する幾何公差の基本事項の確認を行う。

図11.10に、平面に対する幾何公差指示とその公差域のイメージを示す。

ここでは、話を簡単にするため、サイズ公差域は底面に平行な2平面領域であると考える。

同図(a)は平面度指定の場合で、その公差域は同図右に示すように、サイズ公差範囲内（図例では19.8〜20.2の範囲）で任意の姿勢をとる、互いに平行な2平面で挟まれた領域となり、その中に収まる限り、平面度指示面（規制対象面）の全体から見た姿勢や位置は不定である。

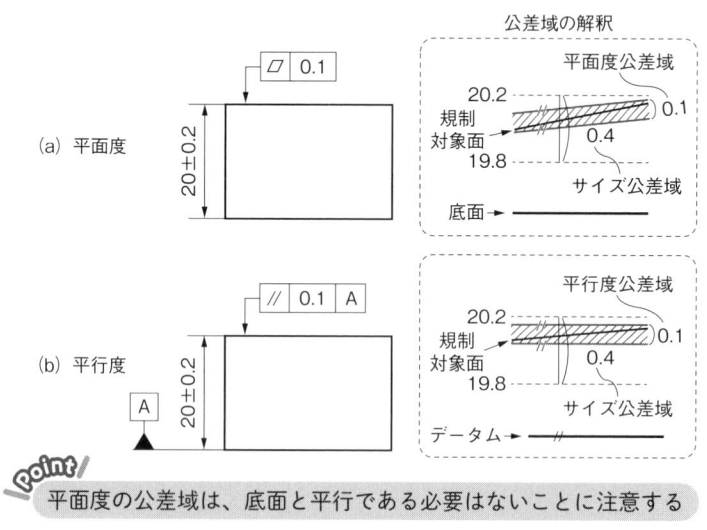

平面度の公差域は、底面と平行である必要はないことに注意する

図11.10　平面に対する幾何公差の公差域

一方、同図(b)は平行度指定の場合で、その公差域は同図右に示すように、サイズ公差範囲内で、かつデータムに平行な姿勢を維持した平行2平面で挟まれた領域となり、その中に収まる限り、平行度指示面の全体から見た姿勢や位置は不定である。

規制対象面が平面の場合は、このように平面度や平行度で幾何偏差を規制できるが、曲面の場合はこれらの代わりに、形状や姿勢に対する輪郭度を用いることになる。

図11.11に、曲面に対する形状規制の輪郭度指示とその公差域のイメージを示す。

対象とする曲面は複数の曲面の集まりであるため、11.1.1項で説明したUF記号を併記して、連続した単一形体として扱うことを明示してある。

ここで、曲面はCADデータに基づく形状誤差のないTEFだが、その位置と姿勢はサイズ公差内で不定である。

同図(a)は輪郭度の従来の指示方法であるが、公差域の解釈は同図①と②に示すように、TEFに対する姿勢について2通りの解釈が混在していたため、形体定義としてのあいまいさが残っている。

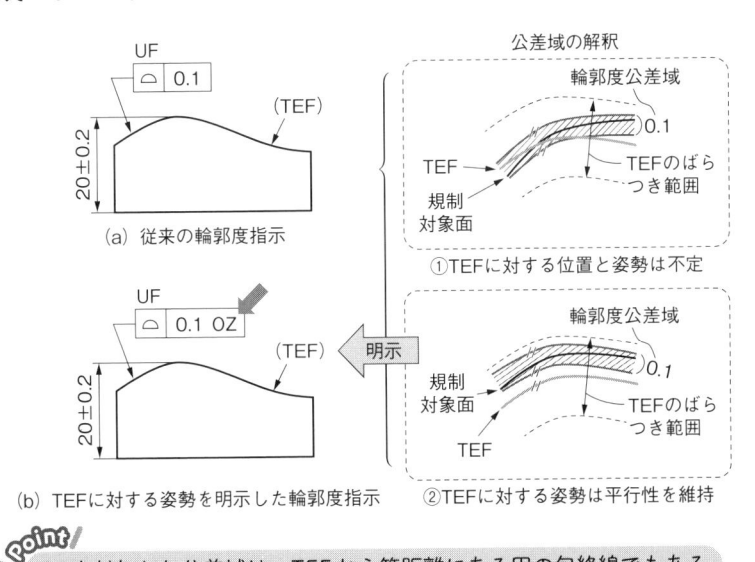

OZを付加した公差域は、TEFから等距離にある円の包絡線でもある

図11.11 曲面に対する形状規制の輪郭度指示と公差域

そこで両者を明示的に区別するため、同図②のTEFに対する姿勢を維持する、つまりTEFを平行にオフセットした公差域内に姿勢のばらつきを限定する場合に、同図(b)に示すように幾何公差値に続けて記号OZ（offset zone：オフセット公差域）を付加する方法が新たに追加された。

なお、OZを付加した公差域は、TEFから等距離の、公差値を直径とした円の包絡線でもある。

図11.12は、曲面に対する姿勢規制の輪郭度指示とその公差域のイメージを示したものである。

同図(a)は従来の指示方法で、図11.11の例での説明と同様の理由により、形体定義にあいまいさがある。

同図(b)では、記号OZの付加により、同図②に示すように、TEFに対する姿勢を維持することを明示している。

なおこの表記方法は、平面に対する平行度指示（図11.10(b)参照）を曲面に対して適用したものと考えれば理解しやすいであろう。

以上からOZは、輪郭度の公差域がTEFを基準として平行にオフセットした領域であることを明示することで、従来表記のあいまいさを解消する目的で使用されることがわかる。

OZの実用的な使用例を**図11.13**に示す。

これは組合せ幾何公差と呼ばれる表記方法で、本図の場合は、上下段共に輪

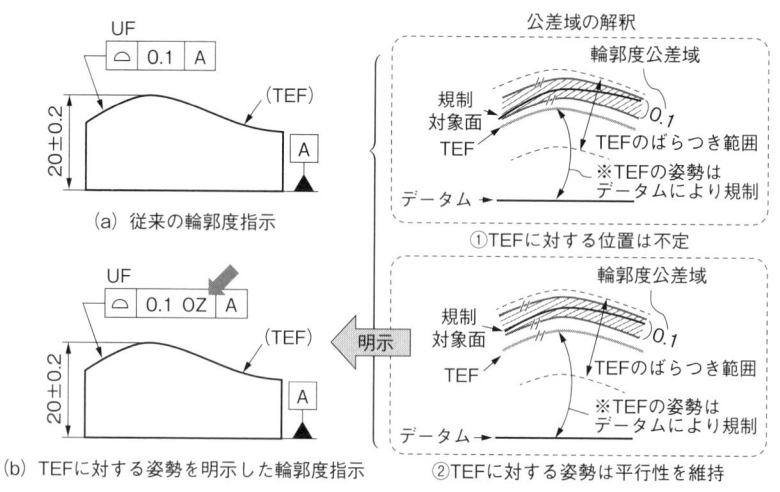

図11.12　曲面に対する姿勢規制の輪郭度指示と公差域

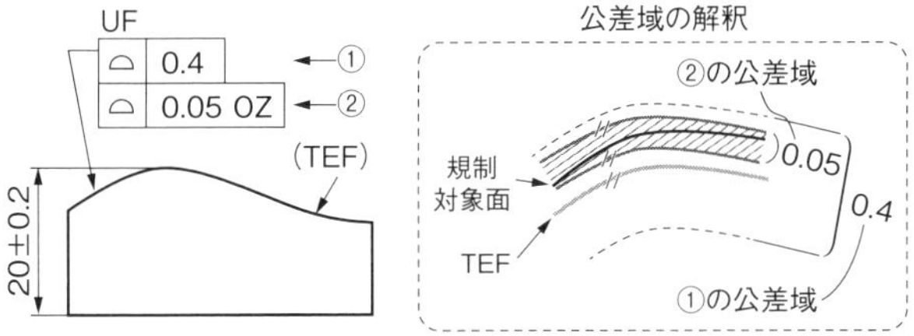

図11.13　組合せ幾何公差でのOZの使用例

郭度を用いて、上段①はTEFが最大限取り得る公差域、下段②は①の範囲内で規制対象面に許容されたばらつき範囲を示している。

公差域の大きさは①＞②であり、規制対象面の位置のばらつきは緩めでよいが、形状のばらつき（曲面形状のTEFに対する正確さ）は厳しく規制したい場合に用いる。

前述したように、②の指定はOZによりTEFに平行なオフセット領域となっていることに注意する。

TEFのデータムに対する姿勢を含めて規制する場合は、①の方をデータムを参照した輪郭度とすればよい。

なお、角度で姿勢拘束されたくさびや円錐形体に対して、OZと同様の公差域規制を与える記号としてVA（variable angle）があることを付記しておく。

11.2　その他の指定記号

最後に、活用することで細かな指示が可能となる記号を2つ選んで解説する。

これらはJIS（B0420-1:2016）にも規定されているが、実図面で使用されるケースが比較的少ないため、参考情報として紹介する。

● 11.2.1　任意断面を指定するACS記号

ACS（any cross section）は、任意断面の指定記号である。

図11.14にACSの使用例を示す。

任意断面という言葉のイメージから、どの場所でもよいので何か所か測って公差内に入っていること、と解釈するか、任意の多数の断面について公差内に入っていること、と解釈するか、若干あいまいさはある。

この記号だけでは、人により解釈が異なる可能性もあるため、注記などで測

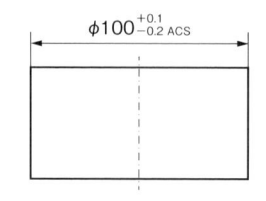

(a)（正）投影図での指示

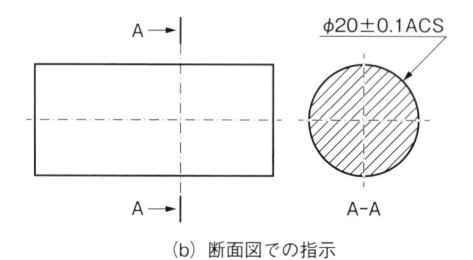

(b)　断面図での指示

図11.14　ACS記号の使用例

定箇所を具体的に指示した方がよいであろう。

　ただ、この記号の指示があることで、加工や測定の自由度が高まり作業コストの低減も見込めるため、設計的に「何か所か確認する程度でよい」ということであれば、ACS記号を意図的に用いる意義はあると考えられる。

● 11.2.2　特定断面を指定するSCS記号

　SCS（specified cross section）は、特定断面の指定記号である。

　図11.15にSCSの使用例を示す。

　SCSは、前項のACSとは対照的に、測定時の断面位置を明示的に指定する場合に用いる。

　検査の際は、TEDで指示された位置を目標として、その場所で公差内に入っているかどうかを確認することになるため、ACSのような解釈上のあいまいさはない。

　例えば軸部品の場合、その円筒面全域にわたり指定公差を要求することはまれであり、部品の使い勝手に相応した箇所（設計的に公差を確保したい箇所）をこのSCS記号により明示することは、機能とコストのバランスを考える上で有意義であろう。

　なお同図(c)はISO（14405-1:2016）の図例を基にしたものであるが、このよ

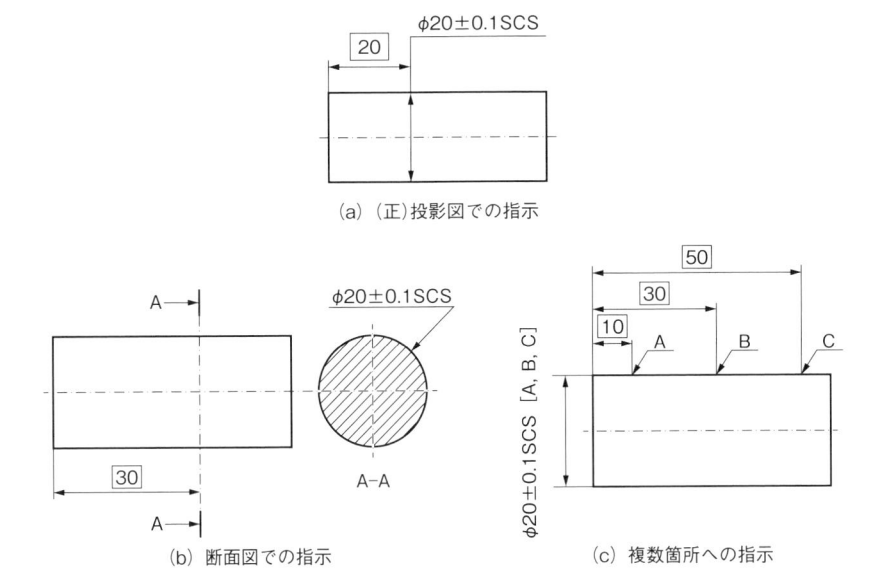

図11.15 SCS記号の使用例

うに複数個所の断面に対してSCSを使用する場合は、同図のA、B、Cのような
指示記号（identifier）を用いる。

まとめ

　本章では、最新のISO規格で定められた幾何公差関連の記号の中から、実設
計でも有用と考えられるUF/UZ/OZの3種と、JIS規格にもあるもののあまり活
用されていないACS/SCSの2種を選んで紹介した。

　これらの内、UFとOZは従来の定義におけるあいまいさを解消するために追
加されているもので、実用上ではUZが今後の利用価値が高いと考えられる。

　ここ十年ほどの間にISOやASMEでは、従来の規格体系における形体定義の
あいまいさを可能な限り排除し、機械製図の理論的背景を明確にした上で、論
理的な体系づくりを目指すようになってきた。

　幾何公差を含めた製品形体の幾何特性仕様（GPS）の規格内容は、徐々に数
学的理論を根拠とした、多少難解なものになりつつあるが、これは経験や慣れ
に大きく頼ることなく、設計をロジックで考える一つの方向性を示していると
も言える。

今後さらに必要とされるのは、厳密に定義された設計手法を取り入れることで、設計意図を正しく表現し、世界のどこで作っても同じような製品を生み出すことができる、いわゆるグローバル生産に適した規格である。

冒頭でも述べたように、製図関連のJIS規格は、ISOの改訂より数年以上経過してから徐々に更新される傾向にあるため、国内製造業は規格面での国際的な潮流に乗り遅れている面は否めないが、海外との取引きを円滑に進めるためにも、本章で紹介したような最新の規格に早めになじんでおく必要はあるであろう。

次章では、本書の締めくくりとして、幾何公差指示に基づいて製作された部品の、測定の考え方やその方法について解説する。

ミニコラム

JISは遅れているのか

ISOの規格の中でも、幾何公差関連のGPS規格は比較的短期間（5〜10年程度）で改訂される傾向にある。

とにかく、あいまいな形体定義を徹底的になくすことに精力的に取り組んでいるように感じられる。

一例として、平面度のような面の平滑性に関して、表面性状（面粗度）にまで踏み込んだフィルター記号を幾何公差枠内に記入することも規定されている。

たしかに、面の凹凸は微視的に見れば表面性状そのものであるため、厳密性を求めるのであれば決して間違った方向ではない。

むしろ、1つの面に対して幾何公差と表面性状を別々に指示するより、1つにまとまっていた方が都合がいいのかもしれない。

それはわかるのであるが、どうもISOは数学的・論理的正確性にひた走っているように見えなくもない。

ということで、JISは遅れているのではなく、ISOが先走っていると考えた方がよいように思う。

第12章

幾何公差と測定編
「測れないものは作れない」

　幾何公差の導入にあたり懸念される事項として、加工や検査の段取りおよび設備の変更に伴うコストアップがあげられることがある。

　部品の形状、姿勢および位置のばらつきが、幾何公差指示により厳密に定義されることで、従来とは異なった工程・手順が必要となり、加工や検査の工数増大に繋がるのではと心配するのも、致し方ないかもしれない。

　しかし、GD＆Tが目指すのは、あくまでもあいまいな形体定義による、部品の意図しない形の崩れの未然防止にある。

　そのためには、設計意図に沿っているかどうかの検査が行われることが重要となるが、その検査に3次元測定機（CMM）のような特別な測定機器が必要となるかといえば、必ずしもそうではない。

　そこで本章では、幾何公差評価に適用できる一般的な測定機器の種類と測定方法の例を紹介する。

12.1 幾何公差の測定

　幾何公差指示に対して必要な評価項目は主に、面の平滑性、傾き度合い、基準からの距離の正確性である。

　これらは従来より計測・評価されてきたものであり、裏を返せば従来通りの測定機器で網羅できるものであると言える。

　ここではその視点に立ち、既存測定機器による幾何特性評価の考え方についてまとめてみる。

　なお、表中の画像は、下記メーカーのカタログや提供データから引用させていただいた（掲載許諾済み）。

　測定機器メーカー名とURL：（番号は参考画像中に表示）

　① ㈱ミツトヨ（https://www.mitutoyo.co.jp/）

　② 新潟精機㈱（https://www.niigataseiki.co.jp/）

　③ ㈱大菱計器製作所（https://www.obishi.co.jp/）

● 12.1.1　測定機器と適用可能な幾何公差

　表12.1に、一般的な測定機器と、それを用いて測定評価が可能な幾何公差の種類を、星取表形式で示した（この表はあくまでも目安として作成してあるので、抜け漏れの可能性もあることは予めご了解願いたい）。

　表中、〇印の付いた箇所は、対応する幾何公差の評価に使用可能なことを示しているが、ほとんどの測定機器は通常単独使用されることは少なく、ほかの機器（器具）や補助治具類と組み合わせて使用される。

　また、一部の据付け型計器を除き、定盤上での使用が一般的である。

　同表を一覧すると、幾何公差の評価は既存の測定機器でも可能なものが多いことがわかる。

　定盤とダイヤルゲージ、ハイトゲージがあれば、真直度/平面度といった形状偏差、平行度などの姿勢偏差、位置度や輪郭度などの位置偏差および振れ偏差といった多くの幾何特性の測定をカバーできる。

　また、真円度測定機があれば、円筒形状の部品の真円度や円周振れ、真直度、同軸度など、円筒に要求される幾何偏差のほぼすべてを測定可能である。

　ちなみに、製品カテゴリーにより一概には言えないものの、総じて板金類や切削加工品、成形品には平面度/平行度/直角度/位置度が、また軸類には真直

表12.1　測定機器と適用可能な幾何公差

測定機器名称	参考画像	適用可能幾何公差[注]													
		—	▱	○	⌀	//	⊥	∠	⊕	◎	≡	⌒	⌓	↗	⌰
ダイヤルゲージ てこ式ダイヤルゲージ ①③		○	○	○	○	○	○	○	○	○				○	○
ハイトゲージ ①		○	○			○	○	○	○	○					
マイクロジャッキ ①		○	○			○	○	○							
リングゲージ ②				○											
ピンゲージ ②		○		○	○										
ねじピンゲージ ②							○	○							
すき間ゲージ （シックネスゲージ） ②		○		○		○	○	○							
両センター台 ③		○		○	○					○				○	○
Vブロック ②		○		○	○					○				○	○
直角定盤 サインバー ③		○				○	○	○							
直定規 ③		○													
投影機 ①		○		○		○	○	○	○			○	○		
画像測定機 ①		○		○		○	○	○	○			○	○		
真円度測定機 ①		○		○	○		○			○				○	○

（注）　○印はほかの測定機器との組合せで測定可能な場合も含む。

度/真円度/同軸度/円周振れが多く使われる傾向にある。

逆に、円筒度/傾斜度/対称度/輪郭度/全振れは、使用される頻度は低いようである。

近年は3次元CADデータを正とする設計が主流であり、CADデータと現物を非接触で照合する方式の測定機器も多い。

特に射出成形品の意匠面の評価には、そのような機器が非常に有効であるため、外装部品の検査には今後ますます活用されていくものと思われる。

● 12.1.2 幾何公差に対応した測定での注意点

幾何公差の持つ特有の形体定義の考え方から、測定の段取りではデータムの存在に注意が必要である。

例えば、通常であれば部品の幅や厚さの測定は、ノギスやマイクロメータによる2点間測定で十分であったが、データムを参照した位置度指示がある場合は、それが指示された形体（面）の、定盤（実用データム形体）からの距離を測定する（**図12.1**）。

また、データムターゲットを用いて、データムを設定する箇所が指定されている場合は、データムターゲット位置から構成される面が定盤と平行となるよ

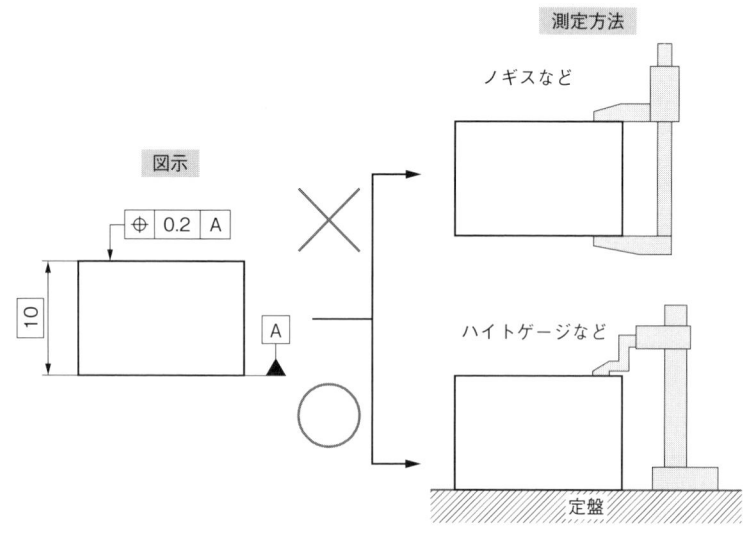

図12.1 データムを考慮した測定

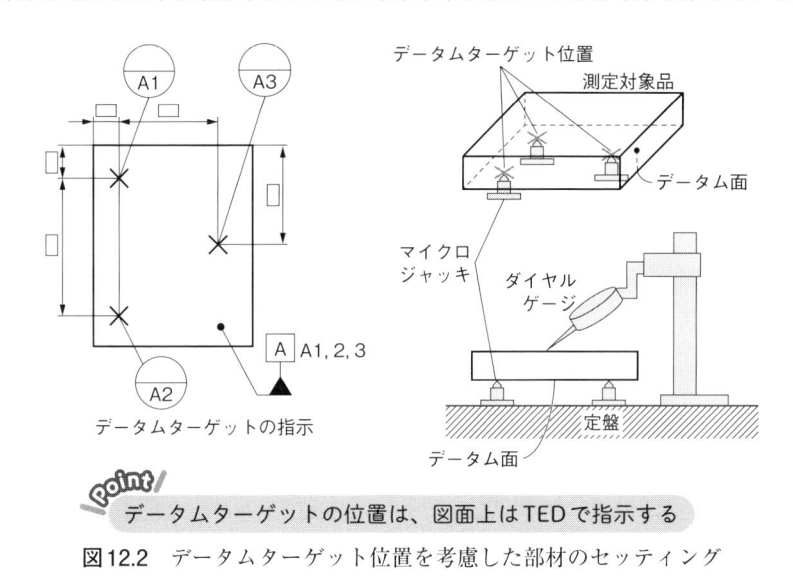

データムターゲットの位置は、図面上はTEDで指示する

図12.2　データムターゲット位置を考慮した部材のセッティング

うに、マイクロジャッキなどで部品の姿勢の調整を予め行っておく必要がある（**図12.2**）。

　データム面が大きいほど、定盤に載せた際のがたつきの影響が無視できず、正確な測定ができないため、部品の姿勢を安定させるためにも、設計段階からデータムターゲットを積極的に取り入れるとよいであろう。

　共通データム指示の場合は、その内容によって測定の段取りが異なってくる。

　図12.3は段付き軸の例である。

　共通データムの対象となる軸部の直径が等しい場合は、Vブロックで支持した状態で評価すればよいが、直径が異なる場合は同図下のように両センター台を用いるか、真円度測定機の使用を検討するとよい。

　図12.4は複数平面にデータムが設定された例である。

　同図(a)は同一面、同図(b)は段違い面へ指示されている。

　同一面の場合はそのまま定盤に固定すればよいが、段違い面の場合は高さを高精度に仕上げた補助治具を準備する。

　図12.5は平行軸穴にデータムが設定された例である。

　この部品が小物板金やシートなどであれば投影機や画像測定機が利用できる

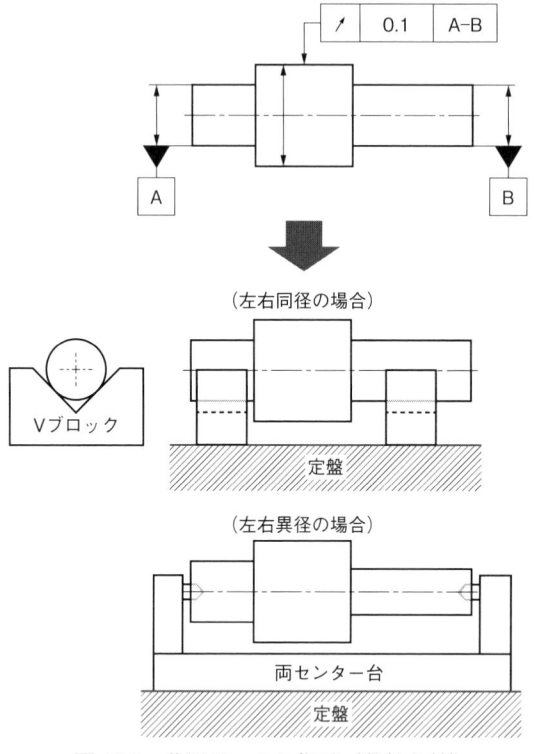

図12.3　共通データム指示（段付き軸）

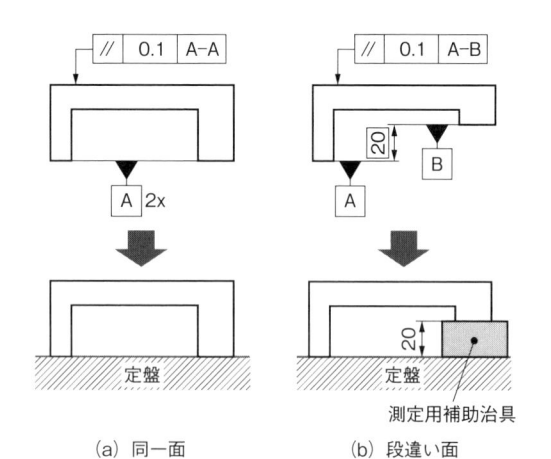

（a）同一面　　　　　　　　（b）段違い面

図12.4　共通データム指示（複数平面）

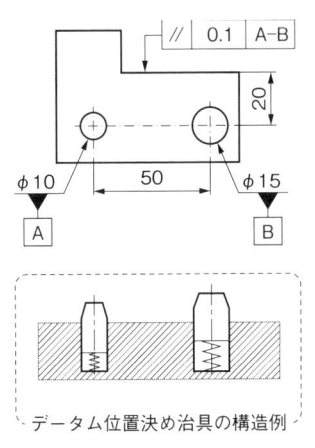

図12.5 共通データム指示（平行軸穴）

が、サイズが大きいなどの理由でそれらの測定機を利用できない場合は、同図下に示したような、穴位置を固定するための補助治具も必要となるであろう。

　いずれにせよ、設計上優先度を問わない箇所への複数のデータムを共通データム化することで、測定作業の自由度を上げることができる。

12.2　測定を考慮した幾何公差の選択

　図面上は、幾何公差により形体の大きさや位置が指定されていても、現物の測定時には困難を伴うことがある。

　代表的なものに、ねじ穴の位置と、自重やわずかな外力で弾性変形する（可撓性のある）非剛性部品の測定があるが、ここでは、これらの測定に有用となる2つの指定記号を用いた方法（第6章で解説）について紹介する。

●12.2.1　ねじ測定の場合

　図12.6にめねじの位置度の測定例を示す。

　同図(a)は基本的な幾何公差指示である。この指示方法は、ねじのピッチ円中心の位置度規制であり作法上の問題はないが、仮想線であるピッチ円を直接的に測る方法がない。

　この場合は、同図(b)に示すように突出公差域記号Ⓟを使用して、ねじ穴中心をねじピンゲージで代用して測定可能であることを明示するとよい。

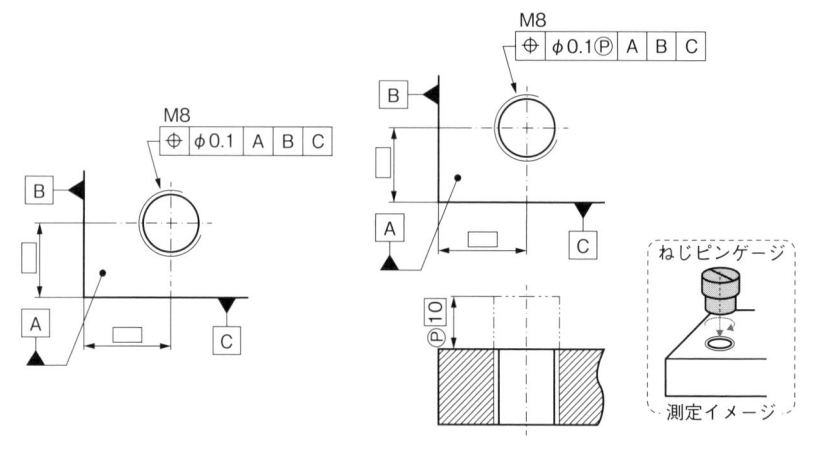

(a) 基本図示　　　　　(b) 測定を考慮した図示と測定イメージ

図12.6　ねじ穴位置の測定

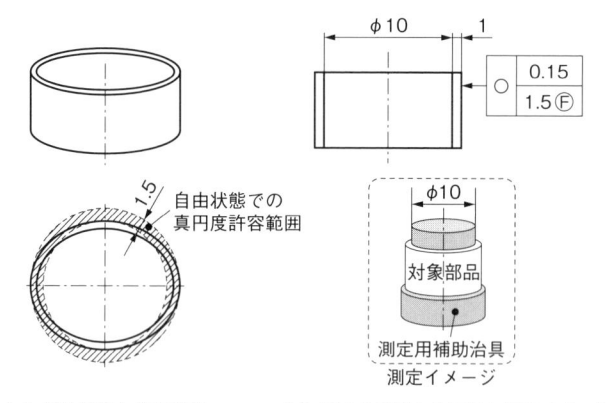

(a) 部品形状と自由状態　　(b) 測定を考慮した図示と測定イメージ

部品の拘束条件は図面内に注記で記載する

図12.7　非剛性部品の測定

● 12.2.2　非剛性部品の場合

図12.7に非剛性部品の測定例を示す。

　設計意図は、自由状態ではある程度の真円度のばらつきは許容するが、相手部品とのアセンブリ後の状態での真円度は厳しく規制したいというものである。

　この場合は、同図(b)に示すように自由状態記号Ⓕを使用して、部品単体状態での真円度の許容値を明示（図中の公差枠の下段）することで、真円度測定機による本検査前の単品チェックの手順を簡素化することができる。

12.3　検査の効率化

　この節では、部品の合否判定における検査の効率化の観点から、2つほど幾何公差記号の活用例を紹介する。

● 12.3.1　Go/No-Go ゲージの使用

　幾何公差の評価そのものではないが、Go/No-Go ゲージ（通り止まりゲージ、限界ゲージ）の一種であるピンゲージやリングゲージを用いた穴径、軸径の合否判定は、それぞれ最大内接サイズ、最小外接サイズでの評価となるため、第7章で解説した条件記号のGXやGNが図示されている必要がある。

　図12.8に穴径と軸径の合否評価への条件記号の適用を示す。

　これらの記号がない場合、既定では最小二乗サイズが適用されるため、厳密

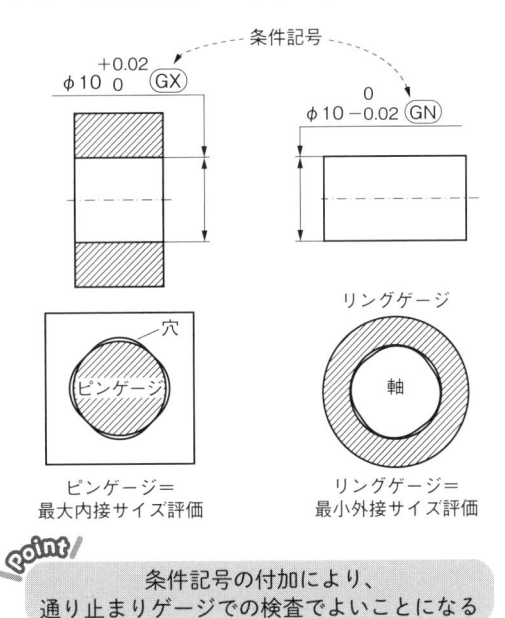

ピンゲージ＝
最大内接サイズ評価

リングゲージ＝
最小外接サイズ評価

Point!

条件記号の付加により、
通り止まりゲージでの検査でよいことになる

図12.8　穴径と軸径の合否評価

な意味では穴径や軸径を真円度測定機などで測り、取得した座標データから最小二乗法によって求めた直径値を用いて、合否判定をすることになる点に注意する。

● 12.3.2 最大実体公差方式の活用

第8章の、最大実体公差方式（MMR）の解説の中で、この方式に基づいて検査に機能ゲージ（検査対象部品の最大実体実効サイズで作製された治具）を用いることで、部品の軸や穴などの詳細な測定を省略して合否判定する方法を紹介した（第8章8.3節）。

図12.9に、最大実体公差方式を適用した部品（段付き軸）とその検査用の機能ゲージの例を示す（図8.14の再掲）。

同図(a)の部品の検査には、その部品の最大実体実効サイズ（MMVS）で作製した機能ゲージ（同図(b)）を準備する。

第8章で解説したように、この機能ゲージがガタ寄せも含めて部品に挿入できれば、検査は合格となる。

最大実体公差方式は、あくまでもはめあいが成立しさえすればよい、という部品のペアに対する幾何公差指示方法である。

そして、高精度に作製された機能ゲージを必要個数だけ準備しておけば、実

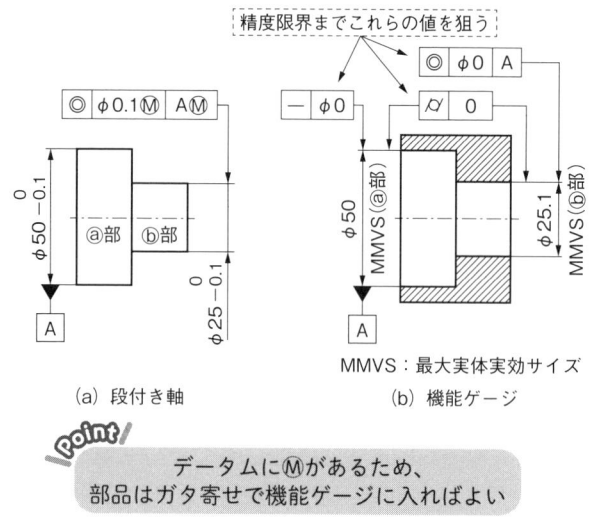

(a) 段付き軸   (b) 機能ゲージ

MMVS：最大実体実効サイズ

> **Point!**
> データムに Ⓜ があるため、
> 部品はガタ寄せで機能ゲージに入ればよい

図12.9 最大実体公差方式と検査用機能ゲージ（再掲）

使用上は詳細な確認の必要のない箇所の寸法検査（同図例では、軸部の直径や同軸度の測定）を、例えばGo/No-Goゲージなどの使用により簡素化できるため、抜取りだけでなく全数検査での検査コストの削減効果も期待できる。

　以上のように、幾何公差特有の考え方に基づいた形体定義方法を取り入れることで、機能品質を維持しつつ歩留まりを上げ、検査にかかる費用をこれまでと比べて削減することも可能である。

　言い換えれば、設計段階から検査方法を考慮し、設計意図を崩すことなく、適切な幾何公差指示を選択する感覚を磨くことも重要と考えてよいであろう。

まとめ

　本章では、幾何公差を評価するための測定機器およびその測定方法の例と、測定を考慮した幾何公差指示方法について解説した。

　3次元測定機であれば、ほとんどの幾何公差をほぼ自動で測定・評価可能であるが、できるだけ少ない手数で、対象部品に指示された幾何特性を評価するのであれば、既存の測定機器で実は十分であることが理解いただけたかと思う。

　もちろん、製品外装のような自由曲面が用いられた意匠面の測定は、今回紹介したような方法では限界があり、その場合は例えば、非接触式3次元測定機により取得した外形形状の点群データと元のCADデータとの照合により、輪郭度の評価を行うといった方法も必要となる。

　設計上の厳密さを追求するあまり、測定のことがなおざりにされるケースも少なくないが、測れないものは作れないと言われるように、測定・検査を意識した設計にも心掛けたい。

測れないものは作れない

　この言葉は、モノづくりにかかわる人にとっては名言の1つである。

　部品検査の現場では、設計図面を見ながら加工品の形状や寸法が指定公差内に入っているかどうかを検査するが、図面上の指示があいまいであるとどのような測定方法を用いるのがよいか、頭を悩ませることも多い。

　精度の高い低いはともかく、測定できなければ作ったものの（広い意味での）品質的な評価ができない。これはすなわち、たとえ形はあっても安心して使えないということでもある。

　その意味で、測れないものは使えない、と言っても過言ではない。

　とは言え、ビルの高さやタンカーの長さを、できあがったあとから精密に測定することは、できなくはないがまずやらないであろう。

　それでも安心して使えるのは、個々の部品がしっかり公差計算され、きちんと測定され、品質が保証された上で、全体を形作っているからである。

　部品の品質保証をする上で、測定は欠かせないし、そのための評価技術や測定機器類が重要であることは言うまでもない。

　そして、部品が設計意図通りにできているかどうかの測定方法を指示する手段の1つに、幾何公差があると考えてよいであろう。

分類	名称	記号	指示対象と公差域（例）		▶─A	─10─	─φ0.1
形状	真直度	─			─	─	○
	平面度	▱			─	─	─
	真円度	○			─	─	─
	円筒度	⌀			─	─	─
姿勢	平行度	//			◎	─	○
	直角度	⊥			◎	─	○
	傾斜度	∠			◎	◎	○
位置	位置度	⊕			◎	◎	○
	同心度	◎			◎	─	◎
	同軸度				◎	─	◎
	対称度	≡			◎	─	─
振れ	円周振れ	↗			◎	─	─
	全振れ	⌇⌇			◎	─	─
輪郭	線の輪郭度	⌒			─ / ◎ / ◎	○ / ◎ / ◎	─ / ─ / ─
	面の輪郭度	◠			─ / ◎ / ◎	○ / ◎ / ◎	─ / ─ / ─

○は使用可、◎は必須
輪郭度は上から形状、姿勢、位置公差の場合

名称	記号	意味	使用例	備考
共通公差域 (複合公差域) (Common/ Combined Zone)	CZ	離れた形体に同一の公差域を指定		段違い面でも可 (但し現ISO規格)
包絡の条件 (Envelope Requirement)	Ⓔ	最大実体実効状態 (MMVC)での嵌合成立を指示	ϕ10g6Ⓔ	最大実体状態 (MMC)では軸線の曲がりはないと解釈
最大実体要求 (Maximum Material Requirement)	Ⓜ	指示された形体サイズが最大実体サイズの場合に幾何公差値を適用し、それ以外であればサイズの差分を幾何公差値に加算	ϕ10±0.1 ⊕ ϕ0.1Ⓜ A	嵌合の成立 最大実体サイズ =Φ9.9
最小実体要求 (Least Material Requirement)	Ⓛ	指示された形体サイズが最小実体サイズの場合に幾何公差値を適用し、それ以外であればサイズの差分を幾何公差値に加算	10±0.1 ⊕ 0.2Ⓛ A	最小肉厚の確保 最小実体サイズ =10.1
突出公差域 (Projected Tolerance Zone)	Ⓟ	形体から離れた位置における公差域定義	M10 ⊕ ϕ0.1Ⓟ A Ⓟ 8	ねじ穴位置をねじゲージを使って測定する場合などに使用
任意断面 (Any Cross- Section)	ACS	任意位置の断面での評価を指示	ACS ◎ ϕ0.1 A	任意の断面における同心度として評価
指定断面 (Specified Cross- Section)	SCS	指定位置の断面での評価を指示	SCS ○	TEDで指示された位置における真円度
区間指定 (Between)	↔	形体の開始・終了位置の指定	UF K↔L	UFと組み合わせて使用
結合形体 (United Feature)	UF	連続した複数形体を1つの形体として扱うことを指示	UF K↔L	(現ISO規格) 区間指定と組み合わせて使用
不均等公差域 (Unequalized Zone)	UZ	公差域中心(TEF)を指定値だけオフセットし、片振り公差を指示	△ 0.5 UZ+0.1	(現ISO規格) 符号の意味 ＋：外側 －：内側
オフセット公差域 (Offset Zone)	OZ	上位の幾何公差域内で任意位置での指定公差域を定義	△ 0.5 A △ 0.1 OZ △ 0.5 A △ 0.1 A	(現ISO規格) 複合公差表記と同様の解釈

付録 表A.3　サイズ公差およびサイズ差に関連する用語

サイズ公差指示 20 $^{+0.2}_{-0.1}$	図示サイズ	(nominal size)	: 20	図示によって定義された完全形状の形体のサイズ
	上の許容限界	(upper tolerance limit)	: +0.2	サイズ公差許容限界(tolerance limits)
	下の許容限界	(lower tolerance limit)	: −0.1	
	上の許容差	(upper limit deviation)	: (0〜)+0.2	許容差(limit deviation)（<u>符号あり</u>）(図示サイズからの上または下の許容差)
	下の許容差	(lower limit deviation)	: −0.1(〜0)	
	上の許容サイズ	(upper limit of size)	: 20.2	許容限界サイズ(limits of size) (サイズ形体の極限まで許容できるサイズ)
	下の許容サイズ	(lower limit of size)	: 19.9	
	サイズ公差	(tolerance)	: 0.3	=20.2−19.9（<u>符号なし</u>）(上の許容サイズと下の許容サイズの差)
	サイズ許容区間	(tolerance interval)	: −0.1〜+0.2	(サイズ公差許容限界内におけるサイズの変動値)

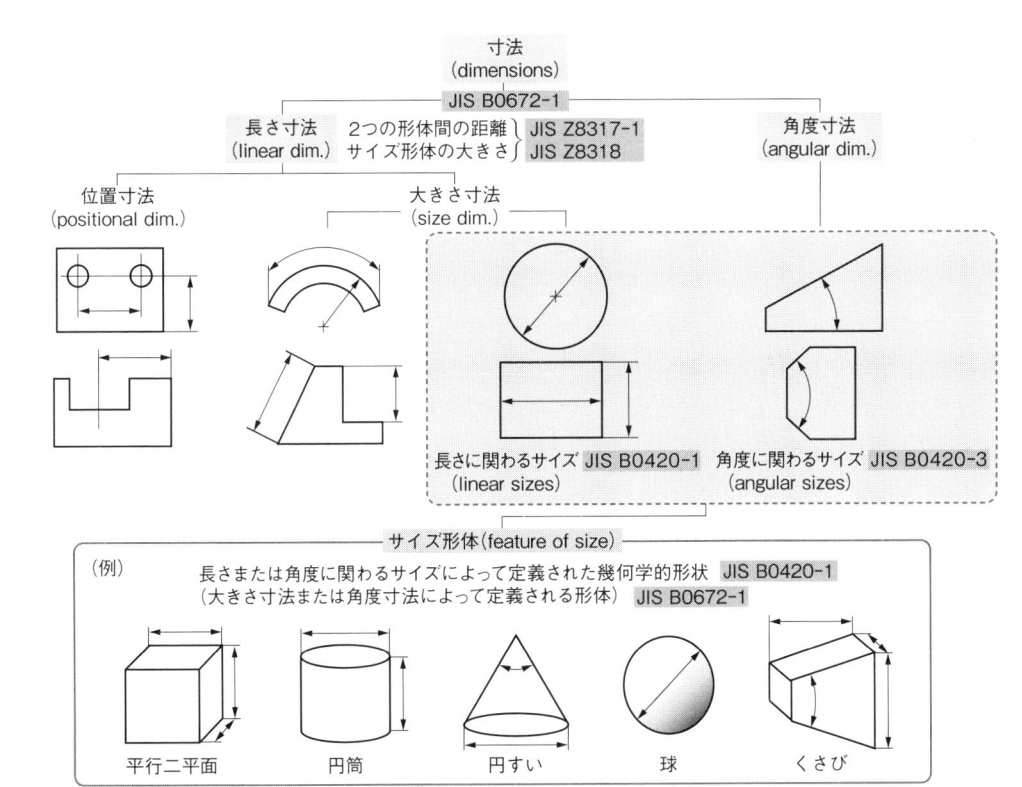

付録 図A.1　サイズ形体と関連する用語の定義

おわりに

本書では、幾何公差の基礎から応用まで、主に実設計に有用と考えられる幾何公差の作法と活用方法に焦点を当てて解説した。

また、今後のグローバルなモノづくりにも直結するような最新情報もピックアップして紹介した。

幾何公差に関連する規格の内容はかなり広範囲にわたるが、最初からその全てを網羅して覚える必要はなく、読者は自身が直面している設計上の課題を解決する上で、最小限必要な指示方法を選択して設計に適用していくことをお勧めする。

筆者の知る設計部署では、過去図面から板金、切削品、成形品、基板類などのカテゴリー別に代表的なものを抜き出し、幾何公差を適用した標準図面集を作成して部内展開していたが、この例のような標準化活動も重要と考える。

大切なのは、幾何公差の理論や作法を万遍なく網羅した完璧な図面を作成することではなく、設計者としての視点から、本当に重要な箇所を幾何公差設計法（GD＆T）を用いて明確にし、後工程に対して設計意図を正しく伝達する技量を身につけることである。

組織としては、その技量を集約、標準化し横展開することで、機能とコストをバランスよく両立させた、高品質の製品開発が可能となると確信している。

本書の内容が少しでも読者のお役に立てれば幸いである。

本書の執筆および出版にあたっては、画像掲載についてご了承いただいた測定機器メーカー各位ならびに、ご支援ご助言をいただいた日刊工業新聞社出版局の方々に改めて御礼を申し上げる。

最後に、全編にわたり原稿・図表のチェックにご協力いただいた有賀由美氏（技術士補（機械部門））に感謝する。

2024年12月
折川技術士事務所　折川　浩
https://opeo.jp

参考書籍

山田 学（2017）"図面って、どない描くねん！LEVEL2 第2版" 日刊工業新聞
　　社

山田 学（2011）"最大実体公差　図面って、どない描くねん！LEVEL3" 日刊
　　工業新聞社

山田 学（2016）"図面って、どない描くねん！第2版" 日刊工業新聞社

山田 学（2021）"グローバル図面（新ISO準拠）って、どない描くねん！" 日
　　刊工業新聞社

高戸 雄二・名取 久仁春・木下 悟志（2015）"幾何公差設計に生かす「加工」
　　「計測」の視点" 森北出版

中村 哲夫（2013）"現場で役立つ幾何公差の測定評価テクニック" 日刊工業新
　　聞社

小池 忠男（2013）"これならわかる幾何公差" 日刊工業新聞社

小池 忠男（2018）"サイズ公差"と"幾何公差"を用いた機械図面の表し方"
　　日刊工業新聞社

小池 忠男（2019）"幾何公差の使い方・表し方第2版" 日刊工業新聞社

小池 忠男（2023）"「幾何公差」データムとデータム系設定実務" 日刊工業新聞
　　社

大林 利一（2012）"幾何公差ハンドブック［増補版］" 日経BP社

参考規格

JIS B0001	機械製図
JIS B0022	幾何公差のためのデータム
JIS B0023	製図―幾何公差表示方式―最大実体公差方式及び最小実体公差方式
JIS B0026	製図―寸法及び公差の表示方式―非剛性部品
JIS B0029	製図―姿勢及び位置の公差表示方式―突出公差域
JIS B0401-1	製品の幾何特性仕様（GPS）―長さに関わるサイズ公差のISOコード方式―第1部：サイズ公差、サイズ差及びはめあいの基礎
JIS B0420-1	製品の幾何特性仕様（GPS）―寸法の公差表示方式―第1部：長さに関わるサイズ

JIS B0420-2	製品の幾何特性仕様（GPS）—寸法の公差表示方式—第2部：長さ又は角度に関わるサイズ以外の寸法
JIS B0420-3	製品の幾何特性仕様（GPS）—寸法の公差表示方式—第3部：角度に関わるサイズ
JIS B0672-1	製品の幾何特性仕様（GPS）—形体—第1部：一般用語及び定義
JIS Z8114	製図—製図用語

ISO1101	GPS-Geometrical tolerancing-Tolerances of form, orientation, location and run-out
ISO2692	GPS-Geometrical tolerancing-MMR, LMR and RPR
ISO5458	GPS-Geometrical tolerancing-Pattern and combined geometrical specification
ISO5459	GPS-Geometrical tolerancing-Datums and datum systems
ISO8015	GPS-Fundamentals-Concepts, principles and rules
ISO10579	GPS-Dimensioning and tolerancing-Non-rigid parts
ISO14405	GPS-Dimensional tolerancing-Part1：Linear sizes
ISO17450-1	GPS-General concepts-Part1：Model for geometrical specification and verification
ISO17450-3	GPS-General concepts-Part3：Toleranced features

| ASME Y14.5 | Dimensioning and Tolerancing |

索　引

著者略歴

折川 浩

　1955年広島県呉市生まれ。1981年慶應義塾大学大学院理工学研究科機械工学専攻修了後、ソニー株式会社入社。主に民生用・放送業務用映像機器の製品開発および3DCAD/CAEの社内展開、設計者教育業務に従事。

　2019年折川技術士事務所開設、機械設計全般に関わる技術支援業務を開始。所有資格：技術士（機械部門）、1級機械設計技術者、計算力学技術者1級（固体力学）、第3種電気主任技術者、応用情報技術者ほか。

OPEO® 折川技術士事務所ホームページ
https://opeo.jp

GD&T（幾何公差設計法）活用術

設計意図を正しく伝えて
製品品質を向上させるテクニック

NDC 531.9

2025 年 1 月 15 日　初版 1 刷発行

$\left(\begin{array}{l}\text{定価はカバーに}\\\text{表示してあります}\end{array}\right)$

Ⓒ　著　者　　折川　浩
　　発行者　　井水　治博
　　発行所　　日刊工業新聞社
　　　　　　　〒 103-8548　東京都中央区日本橋小網町 14-1
　　電　話　　書籍編集部　03（5644）7490
　　　　　　　販売・管理部　03（5644）7403
　　F A X　　03（5644）7400
　　振替口座　00190-2-186076
　　U R L　　https://pub.nikkan.co.jp/
　　e-mail　　info_shuppan@nikkan.tech
　　印刷・製本　美研プリンティング㈱

落丁・乱丁本はお取り替えいたします。
2025 Printed in Japan
ISBN 978-4-526-08365-5